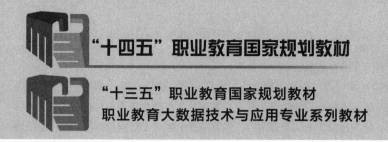

"十四五"职业教育国家规划教材

"十三五"职业教育国家规划教材
职业教育大数据技术与应用专业系列教材

大数据分析与挖掘

组编　北京络捷斯特科技发展股份有限公司

主　编　朱晓峰
副主编　王晓艳　李宇航
参　编　张　琳　郑　乐　冷凯君　潘海兰
　　　　殷延海　陈向阳　黎浩东　王志峰

机械工业出版社

本书是"十四五"职业教育国家规划教材。

本书分为理论篇、工具篇和实训篇。理论篇主要介绍数据挖掘的基础知识、基本任务和常用方法，侧重培养学生对于数据挖掘基本概念等理论知识的正确理解；工具篇主要介绍PMT这一优秀的数据挖掘工具，通过功能简介、分类预测认知实验等内容，侧重培养学生对于数据挖掘基本操作的准确认知；实训篇主要介绍了7个来自企业实际需求的大数据挖掘案例，侧重培养学生对于使用数据挖掘方法解决实际问题的应用能力。

本书结构严密、内容较新、叙述清晰、强调实践，可作为各类院校大数据及相关专业教材，也可作为企事业单位大数据分析培训教材，以及企业管理、电子商务、市场营销、国际贸易等相关从业人员的参考用书。

本书配有电子课件，选用本书作为教材的教师可以从机械工业出版社教育服务网（www.cmpedu.com）免费下载或联系编辑（010-88379194）咨询。本书还配有二维码视频，读者可扫描二维码在线观看。

图书在版编目（CIP）数据

大数据分析与挖掘/北京络捷斯特科技发展股份有限公司组编；朱晓峰主编. —北京：机械工业出版社，2019.3（2025.1重印）

职业教育大数据技术与应用专业系列教材

ISBN 978-7-111-62102-7

Ⅰ.①大… Ⅱ.①北… ②朱… Ⅲ.①数据处理—高等职业教育—教材 Ⅳ.①TP274

中国版本图书馆CIP数据核字(2019)第035930号

机械工业出版社（北京市百万庄大街22号 邮政编码100037）
策划编辑：梁 伟 责任编辑：郑 华 李绍坤
责任校对：杨清清 封面设计：鞠 杨
责任印制：刘 媛
涿州市京南印刷厂印刷
2025年1月第1版第14次印刷
184mm×260mm · 15.5印张 · 356千字
标准书号：ISBN 978-7-111-62102-7
定价：49.80元

电话服务　　　　　　网络服务
客服电话：010-88361066　机 工 官 网：www.cmpbook.com
　　　　　010-88379833　机 工 官 博：weibo.com/cmp1952
　　　　　010-68326294　金 书 网：www.golden-book.com
封底无防伪标均为盗版　机工教育服务网：www.cmpedu.com

关于"十四五"职业教育
国家规划教材的出版说明

为贯彻落实《中共中央关于认真学习宣传贯彻党的二十大精神的决定》《习近平新时代中国特色社会主义思想进课程教材指南》《职业院校教材管理办法》等文件精神，机械工业出版社与教材编写团队一道，认真执行思政内容进教材、进课堂、进头脑要求，尊重教育规律，遵循学科特点，对教材内容进行了更新，着力落实以下要求：

1. 提升教材铸魂育人功能，培育、践行社会主义核心价值观，教育引导学生树立共产主义远大理想和中国特色社会主义共同理想，坚定"四个自信"，厚植爱国主义情怀，把爱国情、强国志、报国行自觉融入建设社会主义现代化强国、实现中华民族伟大复兴的奋斗之中。同时，弘扬中华优秀传统文化，深入开展宪法法治教育。

2. 注重科学思维方法训练和科学伦理教育，培养学生探索未知、追求真理、勇攀科学高峰的责任感和使命感；强化学生工程伦理教育，培养学生精益求精的大国工匠精神，激发学生科技报国的家国情怀和使命担当。加快构建中国特色哲学社会科学学科体系、学术体系、话语体系。帮助学生了解相关专业和行业领域的国家战略、法律法规和相关政策，引导学生深入社会实践、关注现实问题，培育学生经世济民、诚信服务、德法兼修的职业素养。

3. 教育引导学生深刻理解并自觉实践各行业的职业精神、职业规范，增强职业责任感，培养遵纪守法、爱岗敬业、无私奉献、诚实守信、公道办事、开拓创新的职业品格和行为习惯。

在此基础上，及时更新教材知识内容，体现产业发展的新技术、新工艺、新规范、新标准。加强教材数字化建设，丰富配套资源，形成可听、可视、可练、可互动的融媒体教材。

教材建设需要各方的共同努力，也欢迎相关教材使用院校的师生及时反馈意见和建议，我们将认真组织力量进行研究，在后续重印及再版时吸纳改进，不断推动高质量教材出版。

机械工业出版社

前　言

党的二十大报告提出"加快发展数字经济，促进数字经济和实体经济深度融合，打造具有国际竞争力的数字产业集群"。随着互联网的飞速发展，各个行业产生了海量的数据信息。大数据分析、数据挖掘是当今科技行业非常受欢迎的流行语，也是各领域人士极为关注的话题。飞速发展的中国，同样将大数据作为行业重点，企业实践成果不断涌现。

本书是数据科学领域为数不多的理论与实践相结合的教材，它通过详细剖析数据挖掘的基础理论、数据挖掘工具基本功能和企业的实训实例，全面展现了大数据分析与挖掘的基础知识、基本任务、常见方法、实用场景和主要流程等。

本书分为三篇。理论篇，大数据分析与挖掘的理论部分，包括数据挖掘概述、数据挖掘任务和方法；工具篇，大数据分析与挖掘的工具部分，包括数据挖掘平台 PMT、数据挖掘认知实验；实训篇，大数据分析与挖掘的实训部分，包括基于时间序列的分仓商品需求预测、基于聚类分析（K-means）的快递企业客户群识别、基于关联规则的超市顾客购物行为分析、基于决策树的电信流失客户预警与分析、基于神经网络算法的共享单车需求预测、基于逻辑回归算法的信用风险预测、深度学习在图像识别及图像分类领域中的应用 7 个不同实际场景的实训。每个实训都包括实训背景、实训分析、核心知识点、实训步骤、拓展与思考 5 个部分。

初识大数据

本书由北京络捷斯特科技发展股份有限公司组编。朱晓峰担任主编，王晓艳和李宇航担任副主编，参加编写的还有张琳、郑乐、冷凯君、潘海兰、殷延海、陈向阳、黎浩东和王志峰。

由于编者水平有限，本书难免有疏漏和不妥之处，恳请广大读者提出宝贵意见，以期不断改进。

编　者

二维码索引

目　录

理论篇

第 1 章

数据挖掘概述

　　随着计算机技术、网络技术、通信技术和 Internet 技术的发展，以及各行各业业务操作流程的自动化，企业内积累了大量业务数据，这些数据动辄以 TB 计算。这些数据和由此产生的信息是企业的财富，如实地记录着企业运作的状况。面对大量的数据，人们不断寻找新的工具，来对企业的运营规律进行探索，为商业决策提供有价值的信息，使企业获得利润。能满足企业这一迫切需求的有力工具就是数据挖掘。对于企业而言，数据挖掘有助于发现业务的趋势，揭示已知的事实，预测未知的结果。从这个意义上讲，知识是力量，数据挖掘是财富。

二维码 1-1-1　何为数据挖掘

1.1 数据挖掘的基本概念

1.1.1 数据挖掘的界定

1. 数据挖掘的定义

关于什么是数据挖掘（Data Mining，DM），很多学者和专家给出了不同的定义，包括：

1）Gartner Group 提出："数据挖掘是通过仔细分析大量数据来揭示有意义的新的关系、模式和趋势的过程。它使用模式认知技术、统计技术和数学技术。"

2）The META Group 的 Aaron Zornes 表示："数据挖掘是一个从大型数据库中提取以前不知道的可操作性信息的知识挖掘过程。"

3）J. Han and M. Kamber 认为：数据挖掘是从大量数据中提取或"挖掘"知识。该术语实际上有点用词不当，数据挖掘应当更正确地命名为"从数据中挖掘知识"，不幸的是它有点长。许多人把数据挖掘视为另一个常用的术语"数据库中的知识发现"即 KDD（Knowledge Discoveryin Database）的同义词。而另一些人只是把数据挖掘视为数据库中知识发现过程的一个基本步骤。

4）David Hand 认为：数据挖掘就是对观测到的数据集（经常是很庞大的）进行分析，目的是发现未知的关系和以数据拥有者可以理解并对其有价值的新颖方式来总结数据。

5）Mehmed Kantardzic 认为：运用基于计算机的方法，包括新技术，从而在数据中获得有用知识的整个过程，就叫作数据挖掘。

综上所述，数据挖掘又译为资料探勘、数据采矿，就是从大量数据（包括文本）中挖掘出隐含的、未知的、对决策有潜在价值的关系、模式和趋势，并用这些知识和规则建立用于决策支持的模型，提供预测性决策支持的方法、工具和过程；是利用各种分析工具在海量数据中发现模型和数据之间关系的过程。这些模型和关系可以被企业用来分析风险、进行预测。

2. 数据挖掘的本质

什么是数据挖掘，不同的人会给出不同的答案。从本质上而言，往往会给出相似的答案。

（1）数据挖掘是个交叉复合领域

数据挖掘不是有限的几种工具或算法，例如聚类、分类和预测等，它是一个目的性导向的学科，目的是从数据中获取知识、规则或其他可直接、间接用以产生效益的信息。广义上的数据挖掘是和概率统计、高等数学、数学分析、离散数学等数学分支无法清楚分割的，也是和数据库、网络、大数据等技术无法分割的，更是和各行各业的专业知识和业务需求无法分割的。

（2）数据挖掘不追求处理方法，只是为了获取知识

数据挖掘的目的是为了获得知识，至于用了什么手段获得，那只是从愿望到目的的桥梁，重要的是结果。在数据挖掘应用中，不是处理方法越复杂就越好，有时即使是非常简单的方法也可以睿智地理解数据。例如，当统计学家沃德在被咨询飞机上什么部位的钢板需要加强时，他画出飞机的轮廓，标出返航战斗机上受敌军创伤的弹孔位置。统计积累一段时间后，机身各部位几乎都被标满了。最后，沃德建议，把剩下少数几个没有弹孔的位

置加强，因为被击中这些位置的飞机都没有返航。最后实践验证了沃德对飞机改进的良好效果。

（3）数据挖掘是一种探索性的活动

由数据所表达的大量事物中通常可能蕴含了一些规律或知识，但谁也不敢保证一定有。另外，挖掘大量数据中所隐含的知识本身，无论从技术上还是从专业上都是一项极富挑战性的工作。因此，数据挖掘是一种探索性质的活动。探索性质的活动意味着过程可能会很艰辛，结果可能不可预料。所以，如果数据挖掘的结果达不到人们的预期，一种可能是技术、方法不行，一种可能是数据没有能够真实描绘、反映事物，还有一种可能是事物中没有蕴含想要的东西。但是，由于隐含知识通常比表象知识具有更大的价值，而需求引导不断地去追求，因此，数据挖掘会不停地探索。

（4）数据挖掘是有目的的活动

数据挖掘的方向是由业务需求所引领的，知识发现是一项目的性很强的工作。不同的数据挖掘目的所涉及的技术、方法，甚至投入的人力、物力都大有不同，要选择恰当的目的，使得数据挖掘工作可控、成本可控。因此，数据挖掘通常分为评估性初探、计划、评估、实施、再评估、部署、维护等过程。如果数据挖掘目的不明确、缺乏效果评估和风险评估，则项目的失败就会在所难免。

1.1.2　数据挖掘的特征

1. 应用性

数据挖掘是理论算法和应用实践的完美结合。数据挖掘源于实际生产生活中应用的需求，挖掘的数据来自于具体应用，同时通过数据挖掘发现的知识又要运用到实践中去，辅助实际决策。所以，数据挖掘来自于应用实践，同时也服务于应用实践。

2. 工程性

数据挖掘是一个由多个步骤组成的工程化过程。数据挖掘的应用特性决定了数据挖掘不仅是算法分析和应用，而且是一个包含数据准备和管理、数据预处理和转换、挖掘算法开发和应用、结果展示和验证以及知识积累和使用的完整过程。而且在实际应用中，典型的数据挖掘过程还是一个交互和循环的过程。

3. 集合性

数据挖掘是多种功能的集合。常用的数据挖掘功能包括数据探索分析、关联规则挖掘、时间序列模式挖掘、分类预测、聚类分析、异常检测、数据可视化和链接分析等。一个具体的应用案例往往涉及多个不同的功能。不同的功能通常有不同的理论和技术基础，而且每一个功能都有不同的算法支撑。

4. 交叉性

数据挖掘是一个交叉学科，它利用了来自统计分析、模式识别、机器学习、人工智能、信息检索、数据库等诸多不同领域的研究成果和学术思想。同时，一些其他领域如随机算法、信息论、可视化、分布式计算和最优化也对数据挖掘的发展起到重要的作用。数据挖掘与这些相关领域的区别可以由前面提到的数据挖掘的 3 个特性来总结，最重要的是它更侧重于应用。

1.1.3 数据挖掘的基本对象

从字面而言，数据挖掘包含数据和挖掘，二者同样重要，缺一不可。因此，数据挖掘的基本对象就是数据本身。数据作为数据挖掘的基础素材，可以被分为大数据、小数据、宽数据、深数据。

1. 大数据

经典意义上的数据挖掘，通常是指对海量数据进行分析。怎么样才算是海量数据？目前还没有明确的标准。而近几年，类似于海量数据，又产生了大数据的提法，其概念无论从内涵和外延上都有了扩展。但从本质上而言，大数据和海量数据是相似的。在实践中，不单单是记录数多的就称为大数据，通常大数据是指数据量和数据维度均很大，数据形式很广泛，如数字、文本、图像、声音等。而大数据往往可能蕴含着丰富的规律和知识，所以在大数据之上应用数据挖掘就成了理所当然的活动。

2. 小数据

相对于大数据，在实践中还存在不少特殊情况。例如，在医学上有些疾病极为少见，只出现几百例，甚至几十例就几乎是该病的总体了，它们被称为小数据。业务中需要对这些小数据进行深入分析和探索，以便挖掘出罕见疾病的特征，并为相应的临床应对提供依据。对于这样规模的数据进行分析，如果按照记录数，依照传统数据挖掘的观念、方法和技术，则根本无法开展探索性的分析工作。需求引领观念和技术，数据挖掘的一个发展分支应该是从规模较小的、有限的数据中探索其中的规律和知识，尽管目前的技术发展还很有限。

3. 宽数据

还有一种情况是小数据高维度，小样本大信息，称之为宽数据。如某些基因组信息，数据量很少，通常只有几十例到几百例，但维度很高，通常有几百个到几千个。同样，个人大信息，也是单个记录下的高维信息，如从宽带、移动支付、物联网、手机等媒介收集的个人信息。在不远的将来会出现单独个体的高维数据，并需要解决此类数据挖掘的新理论和新算法。

4. 深数据

如果数据涉及维度不是很宽，但是在某几个维度上跨度非常大，历史数据非常多或者数据量的增长速度非常快，可称之为深数据。如医学检查中24h心电图监测、较长时段（如1h以上）的脑电图监测，每小时会产生几十万至几百万条数据；再如，互联网服务商的DNS服务器对互联网访问事件的日志记录，也是每小时会产生几十万至几百万条数据。这类数据，有时也称为流数据。对这些深数据进行挖掘也是非常具有挑战性的，一方面由于它的数据量非常大，另一方面也由于对这类数据进行挖掘的实时性要求较高。

这些随着数据收集手段的进步而形成的各有特色的数据，正在逐步进入数据挖掘研究的视野。所以说，数据挖掘应包括大数据挖掘、小数据挖掘、宽数据挖掘和深数据挖掘。人们需要做的是处理好各类数据来获取知识，研究解决各类型数据的挖掘新理论和新算法，这些数据的分析算法不完全与经典大数据挖掘相同。例如，医学上的个性化精确治疗，就离不开涉及个人的宽数据和深数据。

1.2　数据挖掘的起源与发展

1.2.1　数据挖掘的起源

1. 数据挖掘起源的时代背景

（1）数据爆炸但知识贫乏

《纽约时报》由 20 世纪 60 年代的 10～20 版扩张至现在的 100～200 版，最高曾达 1572 版；《北京青年报》也已是 16～40 版；市场营销报已达 100 版。然而在现实社会中，人均日阅读时间通常为 30～45min，只能浏览一份 24 版的报纸。大量信息在给人们带来方便的同时也带来了新的问题：第一是信息过量，难以消化；第二是信息真假难以辨识；第三是信息安全难以保证；第四是信息形式不一致，难以统一处理。人们开始提出一个新的口号："要学会抛弃信息。"人们开始考虑，如何才能不被信息淹没，而是从中及时发现有用的知识、提高信息利用率？

（2）传统技术不能满足用户需求

随着数据库技术的迅速发展以及数据库管理系统的广泛应用，人们积累的数据越来越多。激增的数据背后隐藏着许多重要的信息，人们希望能够对其进行更高层次的分析，以便更好地利用这些数据。目前的数据库系统可以高效地实现数据的录入、查询、统计等功能，但无法发现数据中存在的关系和规则，无法根据现有的数据预测未来的发展趋势，缺乏挖掘数据背后隐藏知识的手段。

2. 数据挖掘起源的学科背景

由于数据挖掘理论涉及的面很广，它实际上起源于多个学科，如建模部分主要起源于统计学和机器学习。统计学方法以模型为驱动，常常建立一个能够产生数据的模型；而机器学习则以算法为驱动，让计算机通过执行算法来发现知识。而且，数据挖掘除了建模外，还涉及不少其他知识，如图 1-1-1 所示。

图 1-1-1　数据挖掘起源的学科背景

"数据挖掘"这个术语是在什么时候被大家普遍接受的已经难以考证，它大约在 20 世纪 90 年代开始兴起。最初一直沿用"数据库中的知识发现"。在第一届 KDD 国际会议中，委员会曾经展开讨论，是继续沿用 KDD，还是改名为 Data Mining（数据挖掘）？最后大家决定投票表决，采纳票数多的一方的选择。投票结果颇有戏剧性，一共 14 名委员，其中 7 位投票赞成 KDD，另 7 位赞成 Data Mining。最后一位元老提出"数据挖掘这个术语过于含糊，做科研应该要有知识"，于是在业界便继续沿用 KDD 这个术语。而在商用领域，因为

"数据库中的知识发现"显得过于冗长，就普遍采用了更加通俗简单的术语——"数据挖掘"。严格地说，数据挖掘并不是一个全新的领域，它颇有点"新瓶装旧酒"的意味。组成数据挖掘的三大支柱是统计学、机器学习和数据库，数据挖掘纳入了统计学中的回归分析、判别分析、聚类分析以及置信区间等技术，机器学习中的决策树、神经网络等技术，数据库中的关联分析、序列分析等技术。另外，它还包含了可视化、信息科学等内容。

1.2.2　数据挖掘的发展

1. 数据挖掘的发展历程

（1）数据挖掘的发展，是信息技术自然进化的结果

20世纪60年代以来，数据库和信息技术已经系统地从原始的文件处理进化到复杂的、功能强大的数据库系统。自20世纪70年代以来，数据库系统的研究和开发已经从层次和网状数据库发展到开发关系数据库系统、数据建模工具、索引和数据组织技术。此外，用户通过查询语言、用户界面、优化的查询处理和事务管理，可以方便、灵活地访问数据。联机事务处理（OLTP）将查询看作只读事务，对于关系技术的发展和广泛地将关系技术作为大量数据的有效存储、提取和管理的主要工具作出了重要贡献。

自20世纪80年代中期以来，数据库技术的特点是广泛接受关系技术，研究和开发新的、功能强大的数据库系统。这些使用了先进的数据模型，如扩充关系、面向对象、对象—关系和演绎模型。包括空间的、时间的、多媒体的、主动的和科学的数据库、知识库、办公信息库在内的面向应用的数据库系统百花齐放。分布性、多样性和数据共享问题被广泛研究。异种数据库和基于Internet的全球信息系统，如WWW也已出现，并成为信息工业的生力军。

在过去几十年中，计算机硬件稳定的、令人吃惊的进步导致了功能强大的计算机、数据收集设备和存储介质的大量供应。这些技术大大推动了数据库和信息产业的发展，使得大量数据库和信息存储用于事务管理、信息提取和数据分析。

快速增长的海量数据收集、存放在大型和大量数据库中，如若不依靠强有力的工具，理解它们已经远远超出了人的能力。结果，收集在大型数据库中的数据变成了"数据坟墓"——难得再访问的数据档案。这样，重要的决定常常不是基于数据库中信息丰富的数据，而是基于决策者的直观，因为决策者缺乏从海量数据中提取有价值知识的工具。此外，考虑当前的专家系统技术，通常，这种系统依赖用户或领域专家人工地将知识输入知识库，不幸的是，这一过程常常有偏差和错误，并且耗时、费用高。数据挖掘工具进行数据分析，可以发现重要的数据模式，对商务决策、知识库、科学和医学研究作出巨大贡献。数据和信息之间的鸿沟要求系统地开发数据挖掘工具，将数据坟墓转换成知识"金块"。数据挖掘的进化过程见表1-1-1。

表1-1-1　数据挖掘的进化过程

进化阶段	商业问题	支持技术	产品厂家	产品特点
数据搜集（20世纪60年代）	过去五年中我的总收入是多少？	计算机、磁带和磁盘	IBM，CDC	提供历史性的、静态的数据信息

（续）

进化阶段	商业问题	支持技术	产品厂家	产品特点
数据访问（20 世纪 80 年代）	在新英格兰的分部去年三月的销售额是多少？	关系数据库（RDBMS），结构化查询语言（SQL），ODBC 开放数据库连接	Oracle、Sybase、Informix、IBM、Microsoft	在记录层级提供历史性的、动态的数据信息
数据仓库；决策支持（20 世纪 90 年代）	在新英格兰的分部去年三月的销售额是多少？波士顿据此可得出什么结论？	联机分析处理（OLAP）、多维数据库、数据仓库	Pilot、Comshare、Arbor、Cognos、Microstrategy	在各种层次上提供回溯的、动态的数据信息
数据挖掘（当前）	下个月波士顿的销售会怎么样？为什么？	高级算法、多处理器计算机、海量数据库	Pilot、Lockheed、IBM、SGI、其他初创公司	提供预测性的信息

（2）数据挖掘的发展历程，是一个逐渐演变的过程

电子数据处理的初期，人们就试图通过某些方法来实现自动决策支持，当时机器学习成为人们关心的焦点。机器学习的过程就是将一些已知的并已被成功解决的问题作为范例输入计算机，机器通过学习这些范例总结并生成相应的规则，这些规则具有通用性，使用它们可以解决某一类的问题。随后，随着神经网络技术的形成和发展，人们的注意力转向知识工程，知识工程不同于机器学习那样给计算机输入范例，让它生成出规则，而是直接给计算机输入已被代码化的规则，计算机通过使用这些规则来解决某些问题。专家系统就是这种方法所得到的成果，但它有投资大、效果不甚理想等不足。20 世纪 80 年代人们又在新的神经网络理论的指导下重新回到机器学习的方法上，并将其成果应用于处理大型商业数据库。80 年代末出现了一个新的术语，它就是"数据库中的知识发现"，简称 KDD。它泛指所有从源数据中发掘模式或联系的方法，人们接受了这个术语，并用 KDD 来描述整个数据发掘的过程，包括最开始的制订业务目标到最终的结果分析，而用数据挖掘来描述使用挖掘算法进行数据挖掘的子过程。最近，人们却逐渐发现数据挖掘中有许多工作可以由统计方法来完成，并认为最好的策略是将统计方法与数据挖掘有机结合起来。

2. 数据挖掘的主要里程碑

数据挖掘现在随处可见，而它的故事在《点球成金》出版和"棱镜门"事件发生之前就已经开始了。数据挖掘是在大数据集（即大数据）上探索和揭示模式规律的计算过程。它是计算机科学的分支，融合了统计学、数据科学、数据库理论和机器学习等众多技术。

1763 年，Thomas Bayes 的论文在他死后发表，他所提出的 Bayes 理论将当前概率与先验概率联系起来。因为 Bayes 理论能够帮助理解基于概率估计的复杂现况，所以它成了数据挖掘和概率论的基础。

1805 年，Adrien–Marie Legendre 和 Carl Friedrich Gauss 使用回归分析确定了天体（彗星和行星）绕行太阳的轨道。回归分析的目标是估计变量之间的关系，在这个例子中采用的方法是最小二乘法。自此，回归分析成为数据挖掘的重要工具之一。

1936 年，计算机时代到来，它让海量数据的收集和处理成为可能。在 1936 年发表的论文《论可计算数（On Computable Numbers）》中，Alan Turing 介绍了通用机（通用图灵机）

的构想，通用机具有像今天的计算机一般的计算能力。现代计算机就是在图灵这一开创性概念上建立起来的。

1943 年，Warren McCullon 和 Walter Pitts 首先构建出神经网络的概念模型。在名为《A logical calculus of the ideas immanent in nervous activity》的论文中，他们阐述了网络中神经元的概念。每一个神经元可以做三件事情：接受输入、处理输入和生成输出。

1965 年，Lawrence J. Fogel 成立了一个新的公司，名为 Decision Science, Inc.，目的是对进化规划进行应用。这是第一家专门将进化计算应用于解决现实世界问题的公司。

20 世纪 70 年代，随着数据库管理系统趋于成熟，存储和查询百万兆字节甚至千万亿字节成为可能。而且，数据仓库允许用户从面向事物处理的思维方式向更注重数据分析的方式进行转变。然而，从这些多维模型的数据仓库中提取复杂深度信息的能力是非常有限的。

1975 年，John Henry Holland 所著的《自然与人工系统中的适应》问世，成为遗传算法领域具有开创意义的著作。这本书讲解了遗传算法领域的基本知识，阐述理论基础，探索其应用。

20 世纪 80 年代，HNC 将"数据挖掘"这个短语注册了商标。注册这个商标的目的是为了保护名为"数据挖掘工作站"的产品的知识产权。该工作站是一种构建神经网络模型的通用工具，不过现在早已销声匿迹。也正是在这个时期，出现了一些成熟的算法，能够"学习"数据间关系，相关领域的专家能够从中推测出各种数据关系的实际意义。

1989 年，术语"数据库中的知识发现"（KDD）被 Gregory Piatetsky-Shapiro 提出。这个时期，他合作建立起第一个名为 KDD 的研讨会。

20 世纪 90 年代，"数据挖掘"这个术语出现在数据库社区。零售公司和金融团体使用数据挖掘分析数据和观察趋势以扩大客源，预测利率的波动、股票价格以及顾客需求。

1992 年，Berhard E. Boser、Isabelle M. Guyon 和 Vladimir N. Vanik 对原始的支持向量机提出了一种改进办法，新的支持向量机充分考虑到非线性分类器的构建。支持向量机是一种监督学习方法，用分类和回归分析的方法进行数据分析和模式识别。

1993 年，Gregory Piatetsky-Shapiro 创立"Knowledge Discovery Nuggets（KDnuggets）"通讯。其本意是联系参加 KDD 研讨会的研究者，然而 KDnuggets.com 的读者群现在似乎很多。

2001 年，尽管"数据科学"这个术语在 20 世纪 60 年代就已存在，但直至 2001 年，William S. Cleveland 才以一个独立的概念介绍它。根据《Building Data Science Teams》所述，DJ Patil 和 Jeff Hammerbacher 随后使用这个术语介绍他们在 LinkedIn 和 Facebook 中承担的角色。

2003 年，Micheal Lewis 写的《点球成金》出版，同时它也改变了许多主流联赛决策层的工作方式。奥克兰运动家队（美国职业棒球大联盟球队）使用一种统计的、数据驱动的方式针对球员的素质进行筛选，这些球员被低估或者身价更低。以这种方式，他们成功组建了一支打进 2002 和 2003 年季后赛的队伍，而他们的薪金总额只有对手的 1/3。

2015 年 2 月，DJ Patil 成为白宫第一位数据科学家。

如今，数据挖掘的应用已经遍布商业、科学、工程和医药领域，这还只是一小部分。信用卡交易、股票市场流动、国家安全、基因组测序以及临床试验方面的挖掘，都只是数据挖掘应用的冰山一角。

1.3 数据挖掘的应用产业与行业

数据挖掘所要处理的问题就是在庞大的数据中找出有价值的隐藏事件并加以分析，获取有意义的信息和模式，为决策提供依据。数据挖掘应用的产业和行业非常广泛，只要有分析价值与需求的数据，都可以利用挖掘工具进行发掘分析。目前，数据挖掘应用最集中的产业包括物流、电商、零售、金融；应用行业包括医疗和电商、电信和交通等。而且每个产业和行业都有特定的应用背景，也都有自己的成功案例（见表 1-1-2）。

表 1-1-2 数据挖掘的应用产业与行业

应用产业	应用方式与成功案例
信用卡公司	信用卡公司可使用数据挖掘来增加信用卡的应用、作购买授权决定、分析持卡人的购买行为并侦测诈骗行为，成功的案例有 Amercian Express 及 Citibank
零售商	了解客户购买行为及偏好对零售商来说是必需的，数据挖掘可以为其提供所需要的信息。像菜篮分析（MBA）或采购篮分析（SBA），或是利用电子销售点（EPOS）数据，并根据其结果来投入有效的促销及广告，有些商店也会应用数据挖掘技术来侦测收银员的诈骗行为，成功的案例有 Wal-Mart 及 Victoria's Secret
金融服务机构	证券分析师广泛使用数据挖掘来分析大量的财务数据以建立交易及风险模型来发展投资策略。许多公司的财务部门已经试着去使用数据挖掘的产品，而且都有不错的效果
银行	虽然数据挖掘在银行业有非常大的应用潜力，但仍处于起步阶段，大约只有11%的银行懂得使用数据仓库来促进数据挖掘的活动。银行应该以它们自有的能力来搜集并分析详细的客户信息，然后将结果整合成为营销策略。银行也可以使用数据挖掘以识别客户的贷款活动、调整金融商品以符合客户需求、寻找新的客户及加强客户服务。成功的案例如美国银行，较小的银行因其资源及技术有限，可以通过外包来进行数据挖掘及数据仓库活动
电话销售及直销	电话销售及直销公司因使用数据挖掘已节省许多金钱并且能够精确地取得目标客户，电话销售公司现在不但能够减少通话数，也可以增加成功通话的概率。直销公司正依客户过去的购买数据及地理数据来设置及邮寄它们的产品目录，而直销营销也可利用数据挖掘分析客户群的消费行为与交易记录，结合基本数据，并依其对品牌价值等级的高低来细分客户，进而达到差异化营销的目的
航空业	当前航空公司不断增多，竞争也越来越激烈了，了解客户需求已经变得极为重要，航空公司要取得客户数据以制定因应策略
制造业	数据挖掘已广泛地应用于制造工业的控制和流程，全美第三大的钢铁公司 LTV Steel Corp. 使用数据挖掘来侦测潜在的质量问题，使得他们的不良产品减少了99%
电信公司	电信公司过去最有名的就是降价策略，但新的策略是了解他们的客户将会比过去来得好。使用数据挖掘，电信公司可以为客户提供各种他们想购买的新服务，电信巨人如 AT&T 和 GTE 正在应用这些快速侦测不寻常行为的技术来防止盗打
保险公司	数据对于保险公司来说是极为重要的，数据挖掘可以使保险公司从大型数据库中取得有价值的信息用以进行决策，这些信息能够让保险公司了解他们的客户并有效地侦测保险欺诈
医疗业	预测手术、用药、诊断或是流程控制的效率

1.3.1　物流业中的数据挖掘

随着数据挖掘技术的不断成熟，其逐渐开始被物流企业所重视。目前，很多物流企业内部都实现了信息化，伴随着物流业务的处理过程会产生大量的数据，数据存储技术越来越成熟，对物流信息的处理速度也越来越快，现阶段已产生了大量数据挖掘算法，如聚类检测、决策树方法、人工神经网络、遗传算法、关联分析方法、基于记忆的推理算法等，这些为数据挖掘在物流业中的应用提供了基础保证。

物流企业竞争异常激烈，要想在众多企业之中脱颖而出，就要实现企业的信息化建设，并有效利用数据挖掘技术，收集大量数据，帮助企业实时了解市场的动态，及时针对快速变化的环境作出响应，通过分析预测，抓住各种重要商机。如利用收集的数据可以预测客户行为，推算当前物品种类的流通数量、客户与物品间的内在关联等，便于物流企业的管理人员及时制订决策，有利于在对物品的数量准备、存储方式、合理配送等一系列物流过程中有效利用资源，最大限度地提高物流信息管理的工作效率，节约成本，缩短配送周期，更透彻地了解客户以改善并强化对客户的服务。数据挖掘技术还能有效促进物流企业的业务处理过程重组，实现规模优化经营。通过合理使用数据挖掘技术，企业可以提高自身的竞争力，促进我国物流行业向更高水平发展。

具体而言，数据挖掘在物流管理中的应用场景包括仓储优化、物流中心选址、物流需求分析与市场预测、配送路径优化、物流客户分析等。

（1）仓储优化

电子商务的快速发展使得现代物流管理对仓储的要求越来越高。合理安排商品的存储、摆放，提高拣货效率、压缩商品的存储成本、提供更多客户自定义产品和服务、提供更多的增值服务等是当前物流管理者必须思考的问题。利用数据挖掘技术中的关联分析方法可以帮助优化仓库的存储。关联分析方法的主要目的就是挖掘出隐藏在数据间的相互关系。

（2）物流中心选址

物流中心选址是构建物流体系过程中极为重要的部分，其主要是求解运输成本、变动处理成本和固定成本等之和的最小化问题。选址需要考虑中心点如何分布和中心点数量等，尤其是多中心选址的问题。多中心选址是指在一些已知的备选地点中选出一定数目的地点来设置物流中心，使形成的物流网络的总代价（主要指费用）最低。在实际操作中，当问题规模变得很大或者要考虑一些市场因素（如顾客需求量）时，数学规划就存在一些困难。针对这一问题，可以用数据挖掘中决策树的方法来解决。

（3）物流需求分析与市场预测

随着市场竞争的加剧、企业精细化管理愿望的增强以及先进技术方法的开发应用，对数据进行挖掘利用已成为物流企业推出商品、争取客户、增加利润、提升自我竞争力的突破口。物流企业产生的数据量庞大、更新快，并且来源多样化，通过对这些数据进行有效挖掘，可以确定客户群并推出有竞争力的商品。商品具有一定的生命周期，一旦该商品进入市场，其销售量和利润都会随时间的推移而发生变化。不同阶段，商品的生产、配送、销售策略各不相同，这需要提前进行生产计划、生产作业安排及提前配置库存和提前制订运输策略，即物流企业要注重商品的生命周期，合理地控制库存和安排运输，对不同的商品对象建立相应的预测模型。物流企业可以利用聚类分析作为市场预测的手段，为决策提供依据。

（4）配送路径优化

配送路径的选取直接影响着物流企业的配送效率。物流配送体系中，管理人员需要采取有效的配送策略以提高服务水平、降低整体运输成本。首先，要解决配送路径问题。配送路径是车辆确定到达客户的路径，每一客户只能被访问一次且每条路径上的客户需求量之和不能超过车辆的承载能力。其次，提高配送车辆的有效利用率。如果在运输过程中车辆空载或不能充分利用车辆的运送能力，就会增加物流企业的运输费用。最后还要考虑商品的规格大小和利润价值的高低。遗传算法可以对物流的配送路径进行优化，它可以把在局部优化时的最优路线继承下来应用于整体，而其他剩余的部分则结合区域周围的剩余部分（即非遗传的部分）进行优化，输出送货线路车辆调度的动态优化方案。

（5）物流客户分析

物流管理也是实现对客户服务的一种管理活动，所以有必要对客户进行分析，使企业能对目标客户群采取有针对性的且高效的促销措施，以更快的速度、更高的准确度和更出色的客户服务，满足客户个性化的需求，建立并保持客户忠诚度，提高企业的销售额，降低企业的营销成本。客户分析是依据收集到的关于客户的数据来了解客户的需求、分析客户特征、评估客户价值，从而为客户制订相应的营销策略与资源配置计划。通过定性与对比的应用，对客户特征进行准确的概念描述，物流企业能够充分挖掘出客户价值。通过数据挖掘还可以找到流失客户的共同特征，可以在那些具有相似特征的客户未流失之前进行针对性的弥补。

1.3.2　电子商务中的数据挖掘

随着电子商务的飞速发展，电子商务系统中积累了大量的信息和数据，这些数据正在呈现爆炸式的增长，给电子商务的应用带来了一定的挑战。数据挖掘有助于发现业务发展的趋势，帮助企业作出正确的决策，使企业处于更有利的竞争位置。在电子商务模式下，决策的制订需要依靠通过网络途径所获得的用户访问和交易数据，因而数据挖掘作为一种数据处理工具便拥有了其用武之地。数据挖掘应用技术之后演变为 Web 挖掘，用于在网络环境中进行有价值信息的获取，通过各种网络文档及在线网站，实现目标信息的自动发现和获取，从而帮助企业制订决策。

在电子商务中可以进行数据挖掘的数据，分为以下几类：①Web 内容，即 Web 页面上的文本数据、音频数据、视频数据、图形图像数据等多种数据。②Web 结构，即 WWW 的组织结构和链接关系。③Web 使用记录，即 Web 日志文件，是 Web 服务器上用以记录用户访问页面浏览踪迹的文件。一般包括用户的 IP 地址、访问日期和时间、受访 Web 的 URL、访问方式（GET 或 POST）等。④客户的背景信息，即电子商务网站客户的背景信息，包括姓名、地址、职业、爱好等。⑤交易数据，即电子商务网站的客户线上交易的情况，包括交易的商品名称、数量、交货日期等。⑥查询信息，即电子商务网站客户的查询内容，比如查询某个产品所产生的信息。

目前，电子商务中的数据挖掘应用主要集中在三个方面：

（1）Web 挖掘算法的研究

它适用于电子商务环境，其发展已经相当成熟，也得到了比较广泛的应用。各领域的数据特点不同，电子商务系统所产生的数据也必然有其个性，因而针对电子商务系统，传统的数据挖掘算法必须进行改进，才能适应电子商务数据挖掘的特点及需求。

（2）个性化服务及电子商务推荐系统的研究

该方向一直是电子商务环境下数据挖掘的热点应用，其信息的挖掘主要依据 Web 服务器日志文件、用户简介、注册信息、用户对话或交易信息、用户提问信息等数据进行，从而分析网络用户的浏览行为及购买行为，进行用户忠诚度的辨析，并实现更有效的面向目标客户的针对性及导向性的服务，从而增加客户的购买机会与购买行为。

（3）电子商务环境下潜在客户的发现

在电子商务系统中，少部分顾客会选择在站点注册，而较多部分的顾客并不会注册。如何把握住这些未注册的顾客，是电子商务中数据挖掘的应用热点之一。

1.3.3 零售业中的数据挖掘

通过条码、编码系统、销售管理系统、客户资料管理及其他业务数据，可以收集到商品销售、客户信息、货存单位及店铺信息等信息资料。数据从各种应用系统中采集，经条件分类放到数据仓库里，利用数据挖掘工具对这些数据进行分析，可以为高级管理人员、分析人员、采购人员、市场人员和广告客户的科学决策提供高效的工具，如对商品进行购物篮分析，分析哪些商品是顾客最有希望一起购买的。如被业界和商界传颂的经典——Wal-Mart 的"啤酒和尿布"，就是数据挖掘透过数据找出人与物间规律的典型。在零售业应用领域，数据挖掘会在很多方面有卓越表现。

（1）了解销售全局

通过分类信息——按商品种类、销售数量、商店地点、价格和日期等了解每天的运营和财政情况，对销售的每一点增长、库存的变化以及通过促销而提高的销售额都可了如指掌。零售商店在销售商品时，随时检查商品结构是否合理十分重要，如每类商品的经营比例是否大体相当。调整商品结构时需考虑季节变化导致的需求变化、同行竞争对手的商品结构调整等因素。

（2）商品分组布局

分析顾客的购买习惯，考虑购买者在商店里所穿行的路线、购买时间和地点掌握不同商品一起购买的概率；通过对商品销售品种的活跃性分析和关联性分析，用主成分分析方法，建立商品设置的最佳结构和商品的最佳布局。

（3）降低库存成本

通过数据挖掘系统，将销售数据和库存数据集中起来，通过数据分析对各个商品各色货物的保有量进行增减，确保正确的库存。数据仓库系统还可以将库存信息和商品销售预测信息通过电子数据交换（EDI）直接送到供应商那里，这样省去中间商，而且由供应商负责定期补充库存，零售商可减少自身负担。

（4）市场和趋势分析

利用数据挖掘工具和统计模型对数据仓库的数据仔细研究，以分析顾客的购买习惯、广告成功率和其他战略性信息。利用数据仓库通过检索数据库中近年来的销售数据，并进行分析和数据挖掘，可预测出季节、月销售量；对商品品种和库存的趋势进行分析，还可确定降价商品，并对数量和运营作出决策。

（5）有效的商品促销

可以通过对一种厂家商品在各连锁店的市场共享分析、客户统计以及历史状况的分析，来确定销售和广告业务的有效性。通过对顾客购买偏好的分析，确定商品促销的目标客户，以此来设计各种商品的促销方案，并通过商品购买关联分析的结果，采用交叉销售和向上销售的方法，挖掘客户的购买力，实现准确的商品促销。

1.3.4　银行业中的数据挖掘

金融事务需要搜集和处理大量的数据，银行在金融领域的地位、工作性质、业务特点以及激烈的市场竞争，决定了它对信息化、电子化比其他领域有更迫切的要求。利用数据挖掘技术可以帮助银行产品开发部门描述客户以往的需求趋势，并预测未来。

数据挖掘技术在美国银行金融领域应用广泛。金融事务需要搜集和处理大量数据，对这些数据进行分析，发现其数据模式及特征，然后可能发现某个客户、消费群体或组织的金融和商业兴趣，并可观察金融市场的变化趋势。商业银行业务的利润和风险是共存的，为了保证最大的利润和最小的风险，必须对账户进行科学的分析和归类，并进行信用评估。Mellon 银行使用数据挖掘软件提高销售和定价金融产品的精确度，如家庭普通贷款。零售信贷客户主要有两类，一类很少使用信贷限额（低循环者），另一类能够保持较高的未清余额（高循环者）。每一类都代表着销售的挑战。低循环者代表默认和支出注销费用的危险性较低，但会带来极少的净收入或负收入，因为他们的服务费用几乎与高循环者的相同。银行常常为他们提供项目，鼓励他们更多地使用信贷限额或找到交叉销售高利润产品的机会。高循环者由高和中等危险分段构成。高危险分段具有支付默认和注销费用的潜力。对于中等危险分段，销售项目的重点是留住可获利的客户并争取能带来相同利润的新客户。但根据新观点，用户的行为会随时间而变化。分析客户整个生命周期的费用和收入就可以看出谁是最具创利潜能的。

Mellon 银行认为"根据市场的某一部分进行定制"，能够发现最终用户并将市场定位于这些用户。但是，要这么做就必须了解关于最终用户特点的信息。数据挖掘工具为 Mellon 银行提供了获取此类信息的途径。Mellon 银行销售部在先期数据挖掘项目上使用 Intelligence Agent 寻找信息，主要目的是确定现有 Mellon 用户购买特定附加产品（家庭普通信贷限额）的倾向，利用该工具可生成用于检测的模型。据银行官员称：数据挖掘可帮助用户增强其商业智能，如交往、分类或回归分析，依赖这些能力，可对那些有较高倾向购买银行产品、服务产品和服务的客户进行有目的的推销。该官员认为，该软件可反馈用于分析和决策的高质量信息。数据挖掘还有可定制能力。

美国 Firstar 银行使用数据挖掘工具，根据客户的消费模式预测何时为客户提供何种产品。Firstar 银行市场调查和数据库营销部经理发现：公共数据库中存储着关于每位消费者的大量信息，关键是要透彻分析消费者投入到新产品中的原因，在数据库中找到一种模式，从而能够为每种新产品找到最合适的消费者。数据挖掘系统能读取 800 到 1000 个变量并且给它们赋值，根据消费者是否有家庭财产贷款、赊账卡、存款证或其他储蓄、投资产品，将它们分成若干组，然后使用数据挖掘工具预测何时向消费者提供哪种产品。预测准客户的需要是美国商业银行的竞争优势。

1.3.5　证券业中的数据挖掘

证券业中的数据挖掘，主要包括以下 4 个方面。

（1）客户分析

建立数据仓库来存放对全体客户、预定义客户群、某个客户的信息和交易数据，并通过对这些数据进行挖掘和关联分析，实现面向主题的信息抽取。对客户的需求模式和盈利价值进行分类，找出最有价值和盈利潜力的客户群以及他们最需要的服务，更好地配置资源，改进服务，牢牢抓住最有价值的客户。

通过对客户资源信息进行多角度挖掘，了解客户各项指标（如资产贡献、忠诚度、盈利率、持仓比率等），掌握客户投诉、客户流失等信息，从而在客户离开券商之前捕获信息，及时采取措施挽留客户。

（2）咨询服务

根据采集行情和交易数据，结合行情分析，预测未来大盘走势，发现交易情况随着大盘变化的规律，并根据这些规律作出趋势分析，对客户进行针对性咨询。

（3）风险防范

通过对资金数据进行分析，可以控制营业风险，同时可以改变公司总部原来的资金控制模式，并通过横向比较及时了解资金情况，起到风险预警作用。

（4）经营状况分析

通过数据挖掘，可以及时了解营业状况、资金情况、利润情况、客户群分布等重要的信息。并结合大盘走势，提供不同行情条件下的最大收益经营方式。同时，通过对各营业部经营情况的横向比较以及对本营业部历史数据的纵向比较，对营业部的经营状况作出分析，提出经营建议。

1.3.6　电信业中的数据挖掘

电信业已经迅速地从单纯的提供市话和长话服务演变为综合电信服务，如语音、传真、寻呼、移动电话、图像、电子邮件、计算机和 Web 数据传输以及其他的数据通信服务。电信、计算机网络、互联网和各种其他方式的通信和计算的融合是目前的大势所趋。针对信息化的应用，电信业信息化进程得到巨大发展和广泛应用，运营网络系统、综合业务系统、计费系统、办公自动化等系统的相继使用，为计算机应用系统的运行积累了大量的历史数据。但在很多情况下，这些海量数据在原有的作业系统中无法提炼并升华为有用的信息并提供给业务分析人员与管理决策者的。一方面，联机作业系统因为需要保留足够的详细数据以备查询而变得笨重不堪，系统资源的投资跟不上业务扩展的需求；另一方面，管理者和决策者只能根据固定的、定时的报表系统获得有限的经营与业务信息，无法适应激烈的市场竞争。

随着我国政府对电信行业经营的进一步放开和政策约束的调整，以及客户对电信服务质量要求的提高，盗打、欺诈因素的增加，等等，电信经营面临更加复杂的局面，营运成本大幅度增加。因此，如何在激烈的市场竞争中，在满足客户需求和优质服务的前提下，充分利用现有设备降低成本、提高效益，就成为决策者们共同关心的课题。

依照国外电信市场的发展经验和历程，市场竞争中电信公司的成功经营之道是：第一，以高质量的服务留住现有客户；第二，提高通话量和设备利用率，用比竞争者更低的成本争取新客户，扩大市场份额；第三，放弃无利润和信用差的客户，降低经营风险和成本。对于电信运营商来说，各运营与支撑系统所积累的海量历史数据无疑是一笔宝贵的财富，而数据挖掘正是充分利用这些宝贵资源从而达到上述三重目标的一种最为有效的方法与手段。

因此，利用数据挖掘技术来帮助理解商业行为、确定电信模式、捕捉盗用行为、更好地利用资源和提高服务质量是非常必要的。分析人员可以对呼叫源、呼叫目标、呼叫量和每天使用模式等信息进行分析，还可以通过挖掘进行盗用模式分析和异常模式识别，从而可尽早发现盗用，为公司减少损失。

1.3.7 体育业中的数据挖掘

随着数据挖掘在传统应用领域不断取得丰硕成果，近年来体育等新兴领域也开始尝试使用数据挖掘技术，并取得了一定的进展。

（1）体质数据分析

目前，我国对增强全民体质十分重视，每年都有很多相关的体质测试。这样年复一年地积累了大量数据，而对这些数据的分析采用的几乎都是统计方法，包括很多体育分析和评价软件，主要是对体质数据的均值进行分析以及套用规定的评价公式进行评价和分析。它们虽然对体育领域的体质数据分析有一定贡献，但其作用只能局限于数据本身的大小比较，且产生的结果通常只有专业人员能够理解。另外如果只采用统计的方法，对于数据之间联系的挖掘，所得也十分有限。

利用数据挖掘对体质数据进行挖掘，很容易产生传统统计方法难以实现的结果。例如，根据积累和不断收集的数据，结合体质数据和营养学方面的知识，可以挖掘出造成不同地区人们体质好或差的营养方面的原因。同样，根据体质数据和医学方面的知识，能够挖掘出人们的健康状况，甚至分析出导致健康状况较差的可能的疾病原因，从而可以更好地为人们自我保健和健身等方面提供有力的指导。此外，采用数据挖掘对知名运动员的早期体质数据进行分析，能够找出他们的共同特点，从而为体育选材提供有力的依据。体质数据库正如一个宝矿，采用数据挖掘技术肯定能够挖掘出很多难以想象的宝藏。

（2）体育产业中的应用

数据挖掘最初的应用是商业领域，而体育产业本身就是一类典型的商业应用。在一般的商业领域，数据挖掘技术可以帮助企业判断哪些是它们最有价值的客户，帮助企业重新制订它们的产品推广策略（把产品推广给最需要它们的人），用最小的花费得到最好的销售。以体育广告为例，可以对国内从事不同体育运动广告业务的数据库进行挖掘，比如，发现了做某类体育广告的单位或公司的特征，那么就可以向那些具有这些特征但还未成为我们客户的其他公司或单位推销这类体育广告；同样，如果通过挖掘找到流失的客户的共同特征，就可以在那些具有相似特征的客户还未流失之前进行针对性的弥补。这样，可以一定程度上提高体育广告的效益。因此，及时、有效地利用数据挖掘技术，可以为我国体育产业创造更多的财富。

（3）竞技体育中的应用

竞技体育特别是对抗性质的竞技，通常不但要求运动员实际水平高，同时战术策略也相当重要，有时竞技中的战术甚至起到决定性作用。认识到数据挖掘的功能后，国外已经将其应用于竞技体育中。例如，NBA 的教练，利用 IBM 公司提供的数据挖掘工具临场辅助决定替换队员，而且取得了很好的效果。系统分析显示魔术队先发阵容中的两个后卫安佛尼·哈德卫（Anfernee Hardaway）和伯兰·绍（Brian Shaw）在前两场中被评为 –17 分，这意味着他俩在场上本队输掉的分数比得到的分数多 17 分。然而，当哈德卫与替补后卫达利尔·阿姆斯特朗（Darrell Armstrong）组合时，魔术队得分为正 14 分。在下一场中，魔术队增加了阿姆斯特朗的上场时间。此招果然见效：阿姆斯特朗得了 21 分，哈德卫得了 42 分，魔术队以 88 比 79 获胜。魔术队在第四场让阿姆斯特朗进入先发阵容，再一次打败了热火队。在第五场比赛中，这个靠数据挖掘支持的阵容没能拖住热火队，但数据挖掘毕竟帮助了魔术队赢得了打满 5 场、直到最后才决出胜负的机会。同样，利用数据挖掘技术也可以分析足球、排球等类似对抗性的竞技运动，从中找出对手的弱点，制订出更有效的战术。

1.3.8 呼叫中心的数据挖掘

呼叫中心目前仅解决了企业与外部市场进行信息接入的问题，产生的大量数据通过报表等统计方法，只能得到一般意义上的信息反映。而通过数据挖掘技术，可以发现许多深层的、手工无法发现的规律，帮助企业在激烈的竞争环境中占有更多的先机。呼叫中心的数据挖掘可以实现以下 6 个目标。

（1）为用户提供针对性服务

通过数据挖掘技术，可以根据客户的消费行为进行分类，找出该类客户的消费特征，然后通过呼叫中心提供更具个性化的服务，从而改进企业的服务水平，提高企业的社会效益和经济效益。

（2）提高企业决策的科学性

目前，许多企业的决策具有很大的盲目性。如果采用数据挖掘技术，则可以在自身生产过程中产生的数据基础上进行科学分析，得出比较科学的预测结果，减少决策失误。通过数据挖掘技术，可以让企业的决策回归到自己的业务中，得出更实际的判断。

（3）增值更容易

数据挖掘在呼叫中心中会有很多种应用，而且有些应用可以帮助简化管理运营，有的则可以提供一些业务关联性的数据，帮助企业呼叫中心更好地开展业务实现增值。具体说来，增值应用表现在以下两个方面：分析客户行为、进行交叉销售。在呼叫中心的各种客户中，可以根据其消费的特点进行相关分析，了解某类客户在购买一种商品时，购买其他种类产品的概率有多大。根据这种相互的关联性，就可以进行交叉销售。分析客户忠诚度，避免客户流失。在客户分析过程中，会有很多重要的大客户流失。采用数据挖掘技术，可以对这些流失的大客户进行分析，找出数据模型，发现其流失的规律，然后有针对性地改进服务质量，避免客户流失，减少企业的经济损失。

（4）简化管理

呼叫中心的运营管理被人们提到前所未有的高度，因为一个中心即使建得很好，技术也很先进，但如果管理不好，优势仍然发挥不出来。然而，管理对于很多呼叫中心来说，却是很难过的门槛，数据挖掘能帮助简化管理。

（5）准确预测话务量

在呼叫中心中，话务量是个重要的指标，企业要根据话务量的大小，安排座席人员的数量，但话务量是个变化的指标，以往比较难以预测。通过数据挖掘中的时间序列分析，可以对话务量的情况进行一定程度的预测，从而更合理地安排座席人员的数量，在不降低呼叫中心接通率的基础上，降低企业的运营成本。

（6）降低运营成本

在运营型的呼叫中心中，常常会提供很多种业务服务，并根据这些业务种类的不同安排座席人员的数量和排班。通过数据挖掘中的关联分析，可以进行业务的相关性分析，分析出哪几种业务具有比较强的关联性。如在快递行业，送生日蛋糕的业务与送鲜花的业务可能就有很大的关联性。这样，在安排座席人员时，就可以将两种业务的座席人员进行一定程度的合并，减少人员数量，降低呼叫中心的经营成本。

1.4　数据挖掘相关的几个概念

1.4.1　数据挖掘和统计分析

非要去区分数据挖掘和统计的差异其实是没有太大意义的。一般将其定义为数据挖掘技术的 CART（Classification and Regression Trees）、CHAID（CHi-square Automatic Interaction Detector）或模糊计算等理论方法，也都是由统计学者根据统计理论所发展衍生。换另一个角度看，数据挖掘有相当大的比重是由高等统计学中的多变量分析所支撑。但是为什么数据挖掘的出现会引发各领域的广泛关注呢？主要原因在于相对于传统统计分析而言，数据挖掘有下列 3 项特性。

1）处理大量实际数据更强势，且无须专业的统计背景去使用数据挖掘的工具。

2）数据分析趋势为从大型数据库获取所需数据并使用专属计算机分析软件，数据挖掘的工具更符合企业需求。

3）就纯理论的基础点来看，数据挖掘和统计分析有应用上的差别，毕竟数据挖掘目的是方便企业终端用户使用而并非给统计学家检测用的。

1.4.2　数据挖掘和数据仓库

若将数据仓库（Data Warehousing）比作"矿坑"，数据挖掘就是深入矿坑采矿的工作。毕竟数据挖掘不是一种无中生有的魔术，也不是点石成金的炼金术。若没有足够丰富完整的数据，是很难期待数据挖掘能挖掘出什么有意义的信息的。

要将庞大的数据转换成有用的信息，必须先有效率地收集信息。随着科技的进步，功能完善的数据库系统就成了最好的收集数据的工具。数据仓库，简单地说就是收集来自其他系统的有用数据，存放在一个整合的储存区内。所以，其实就是一个经过处理整合，且容量特别大的关系型数据库，用于储存决策支持系统（Design Support System，DSS）所需的数据，供决策支持或数据分析使用。从信息技术的角度来看，数据仓库的目标是在正确的时间，将正确的数据交给正确的人。

许多人对于数据仓库和数据挖掘时常混淆，不知如何分辨。其实，数据仓库是数据库技术的一个新主题，利用计算机系统帮助操作、计算和思考，让作业方式改变，决策方式也跟着改变。

数据仓库本身是一个非常大的数据库，它储存着由组织作业数据库中整合而来的数据，特别是指 OLTP（Online Transactional Processing，事务处理系统）所得来的数据。将这些整合过的数据置放于数据仓库中，而公司的决策者则利用这些数据作决策；但是，这个转换及整合数据的过程是建立一个数据仓库最大的挑战。因为将作业中的数据转换成有用的策略性信息是整个数据仓库的重点。

综上所述，数据仓库应该具有这些数据：整合性数据（Integrated Data）、详细和汇总性的数据（Detailed and Summarized Data）、历史数据、解释数据的数据。从数据仓库挖掘出对决策有用的信息与知识，是建立数据仓库与使用数据挖掘的最大目的，两者的本质与过程是两回事。换句话说，数据仓库应先行建立完成，数据发掘才能有效率地进行，因为数据仓库本身所含数据是干净（不会有错误的数据掺杂其中）、完备且经过整合的。因此，两者之间的关系或许可解读为数据挖掘是从巨大的数据仓库中找出有用信息的一种过程与技术。

1.4.3　数据挖掘和 OLAP

OLAP 意指由数据库所连接出来的在线分析处理程序。有些人会说：已经有 OLAP 的工具了，所以不需要数据挖掘。事实上两者是截然不同的，主要差异在于数据挖掘用在产生假设，OLAP 则用于查证假设。简单来说，OLAP 是由使用者所主导，使用者先有一些假设，然后利用 OLAP 来查证假设是否成立；而数据挖掘则是用来帮助使用者产生假设。所以，在使用 OLAP 或其他查询工具时，使用者是自己在做探索（Exploration），但数据挖掘是用工具在帮助做探索。

例如，市场分析师在为超市规划货品架柜摆设时，可能会先假设婴儿尿布和婴儿奶粉会是常被一起购买的产品，接着便可利用 OLAP 的工具去验证此假设是否为真，成立的证据有多明显；但数据挖掘则不然，执行数据挖掘的人将庞大的结账数据整理后，并不需要假设或期待可能的结果。透过数据挖掘技术可找出存在于数据中的潜在规则，于是可能得到（如尿布和啤酒常被同时购买）意料之外的发现，这是 OLAP 所做不到的。

数据挖掘常能挖掘出超越归纳范围的关系，但 OLAP 仅能利用人工查询及可视化的报表来确认某些关系，是以数据挖掘此种自动找出甚至不会被怀疑过的数据模型与关系的特性，事实上已超越了经验、教育、想象力的限制。OLAP 可以和数据挖掘互补，但数据挖掘的这项特性是无法被 OLAP 取代的。

1.4.4　数据挖掘和大数据

大数据时代的来临使得数据的规模和复杂性都出现爆炸式的增长，促使不同应用领域的数据分析人员利用数据挖掘技术对数据进行分析。在应用领域中，如医疗保健、高端制造、金融等，一个典型的数据挖掘任务往往需要复杂的子任务配置，整合多种不同类型的挖掘算法以及在分布式计算环境中高效运行。而应用、算法、数据和平台相结合的思想，体现了大数据的本质和核心。关于数据挖掘和大数据之间的关系，有着以下 5 种不同的观点。

1. 一体两面说

（1）从大数据看数据挖掘

从数据的表现形式看，业界普遍认为大数据具有如下的"4V"特点：Volume（大量）、Variety（多样）、Velocity（高速）和 Value（价值）。从实际应用和大数据处理的复杂性看，大数据还具有如下新的"4V"特点：

第一，大数据的变化性（Variable）特点，即在不同的场景、不同的研究目标下数据的结构和意义可能会发生变化，因此，在实际研究中要考虑具体的上下文场景。

第二，大数据的真实性（Veracity）特点，即获取真实、可靠的数据是保证分析结果准确、有效的前提。只有真实而准确的数据才能获取真正有意义的结果。

第三，大数据的波动性（Volatility）特点，即由于数据本身含有噪声及分析流程的不规范，导致采用不同的算法或不同分析过程与手段会得到不稳定的分析结果。

第四，大数据的可视化（Visualization）特点，即在大数据环境下，通过数据可视化可以更加直观地阐释数据的意义，帮助理解数据，解释结果。

结合上述大数据的"8V"特征，大数据的核心和本质是应用、算法、数据和平台 4 个要素的有机结合，如图 1-1-2 所示。大数据是应用驱动的，大数据来源于实践，海量数据产生于实际应用中。

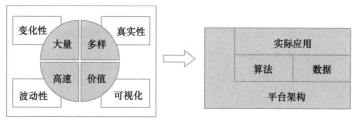

图 1-1-2　大数据的本质

数据挖掘正是源于实践中的实际应用需求，用具体的应用数据作为驱动，以算法、工具和平台作为支撑，最终将发现的知识和信息用到实践中去，从而提供量化、合理、可行，能够产生巨大价值的信息。

另外，挖掘大数据所蕴含的有用信息，需要设计和开发相应的数据挖掘和机器学习算法。算法的设计和开发要以具体的应用数据为驱动，同时也要在实际问题中得到应用和验证，而算法的实现与应用需要高效的处理平台。高效的处理平台需要有效地分析海量的数据及对多源数据进行集成，同时有力支持数据挖掘算法以及数据可视化的执行，并对数据分析的流程进行规范。数据挖掘的未来不再是针对少量或是样本化、随机化的精准数据，而是海量、混杂的大数据。

（2）从数据挖掘应用的角度看大数据

大数据是现象，核心是要挖掘数据的价值。结合数据挖掘的各种特性，尤其是其应用性，从应用业务的角度对大数据提出如下两点认识。

首先，大数据是"一把手工程"。在一个企业里，大数据通常涉及多个业务部门，业务逻辑复杂。一方面，要对大数据进行收集和整合，需要业务部门的配合和沟通以及业务人员的大力参与，这些需要企业决策人员的重视和认可，提供必要的资源调配和支持。另一方面，要对数据挖掘的结果进行验证和运用，更离不开相关人员的决策。数据挖掘的结果大多是相关关系，而不是因果关系，这些结果还可能有不确定性。另外，有时候数据挖掘的结果与企业运作的常识不一致，甚至相悖。所以，如何看待这些可能的不确定性和反常识的分析结论，充分利用好数据挖掘结果，必然离不开决策者的远见卓识。

其次，大数据需要数据导入、整合和预处理。当面对来自不同数据源的大量复杂数据时，具体业务逻辑复杂与数据之间的关系琐碎，直接导致企业的业务流程和数据流程很难理解。因此，企业在实施数据挖掘时可能并不清楚要挖掘和发现什么，对数据挖掘到底能帮助企业做什么并没有直观和清楚的认识。所以，很多时候都不可能先对数据进行事先规划和准备，这样在具体的数据挖掘中，就需要在数据的导入、整合和预处理上有很大的灵活性，只有通过业务人员和数据挖掘工程师的配合，不断尝试，才能有效地将企业的业务需求与数据挖掘的功能联系起来。

总之，大数据更强调对于具有数据容量大、产生速度快、数据类型杂特点的数据的处理，包含了与之相关的存储、计算等方面的技术。数据挖掘更强调不断追求从更多来源获得更大数据量并进行更高效地分析，以期获得更全面、更准确、更及时的结果。

2. 互相促进说

（1）数据挖掘是一种方法

早期，处理问题的核心思想在于"样本选取"和"建模分析"。为何需要"样本选取"，因为从很久以前到现在，获取数据的能力以及分析数据的能力都是很有限的，这就导致很多数据人们是无法在需要的时候采集到的。例如，近代美国要求 10 年进行一次人口普查，但随着人口的增长速度越来越快，到后来统计出国家的大致人口都需要 13 年了。因此不能采用普查方式，而必须使用另一种经典的方法，并以此方法达到通过获取少量数据就能够分析大规模问题的目的——抽样。众所周知，抽样调查有着各种各样的要求和准则，而且合理性也经常不如人意，但是在之前获取数据难度很大的前提下（只能亲自去看，一个一个人工考察），这种方法的确赋予了人们处理大规模数据的能力：从里面完全随机（实际上这是不可能的）选择一些正确的（数据完全正确也是不可能的）数据进行分析。

至于为何需要"建模分析"，那是因为通过抽样方式获得分析问题所需要的数据后，如何利用这些数据又面临重重困难。数据可以很简单，例如，长度、温度、时间、重量等；也可以很复杂，例如，一本书、一张图、一个石头等。之所以说这些数据复杂，是因为它们是由诸如重量、长度等简单数据构成的。那么，如果要分析石头，将会变得很困难——因为要处理的数据种类实在太多了，各种数据之间还存在这样那样的影响。在早期计算能力严重不足的情况下（只有笔和算盘，各种函数和公式都没有发明），导致需要计算的时间过长，分析结果已经没有价值（参见前文说的人口普查数据）。因此，需要建模分析——用几个对描述这个对象很关键的数据来代替所有的数据，使得计算量和计算难度都有客观的改善。

随着时代的发展、技术的进步，获取数据的难度大大降低，在拥有越来越多数据的情况下，人脑已经没有办法直接处理，必须让计算机辅助来找到数据的价值，于是数据挖掘方法产生了。正如一般认知而言：数据挖掘就是从海量的数据中发现隐含的知识和规律。

（2）大数据是一种思维

大数据带来的更多的是思路的革新：第一，不使用抽样的数据，而采用全部的数据，即完全所有的数据，包括正确的和不正确的数据，包括噪声和错误数据，包括有用的信息；第二，不关心为什么，只关心是什么；第三，相比数据分析方法而言更注重数据获取，即数据为先，因为现代计算机的计算能力使得人类只要能想到办法，它就能替人类完成相应的工作。基于此，要做的就是获取更多的、更全面的数据来让计算机分析。例如，国外快递公司在车上装传感器来帮助快递调度，劳斯莱斯公司在飞机发动机上装传感器并通过历史数据和实时数据预先预测潜在故障并提前检修。大数据思维模式中，数据为人们提供最多的可能和最大的价值，所以着重获取数据。

综上，数据挖掘可以概括为：在数据越来越多以后，把数据交给计算机分析的方法集合。而大数据则是跳出人们的传统数据分析和处理方法框架的一种新思维。思维要付诸实践，必然是要以技术为基础的。但正是由于思维方式的不同，可以从数据中获得更多的东西。大数据是在不断发展数据挖掘技术的过程中诞生出来的一种新思维，这种思维的实际应用以数据挖掘技术为基础，并可以促进开发出更多的数据挖掘技术。而数据挖掘的未来不再是针对少量或是样本化、随机化的精准数据，而是海量、混杂的大数据。数据挖掘和大数据，是互相促进的关系。

3. 旧瓶装新酒说

有人认为，如果要描述数据量非常大，用 Massive Data（海量数据）；如果要描述数据非常多样，用 Heterogeneous Data（异构数据）；如果要描述数据既多样又量大，用 Massive Heterogeneous Data（海量异构数据）；如果要申请基金项目，用 Big Data（大数据）。也就是说，现在只是借用"大数据"这一名词向大众灌输了"数据挖掘"在商业活动和社会生活中潜藏的巨大作用。

不论是早已威名远播的"啤酒与尿布"，还是新鲜出炉的"纸牌屋"，无不是对数据挖掘的商业价值的完美诠释。但是，"大数据"无疑比"数据挖掘"更具有吸引眼球的潜质。对于普通大众而言，让他们知道海量数据如何存储和处理并不重要，重要的是告诉他们数据的背后存在着价值。于是乎，"大数据"成为"数据挖掘"的代名词，通过媒体狂轰滥炸式的宣传成功上位，成为某些利益集团用于概念炒作的工具。

4. 对比区分说

数据挖掘和大数据面临众多区别，由于思维的不同、思考方式的不同，导致后面的方法论、工具有很大的区别。

1）数据挖掘是基于用户假设了因果，然后进行验证；而大数据的重点在找出关联关系，A 的变化会影响到 B 的变化幅度。

2）数据挖掘一般只是从内部数据库提取、分析数据；大数据则从更多途径，采用更多非结构化的数据。

3）数据挖掘对时间要求不高；大数据强调的是实时性，数据在线即用。

4）数据挖掘的重点是从数据中挖掘出残值；而大数据则是从数据中找出新的内容，创造新的价值。

5. 鱼和渔网说

如果大数据是海洋，大数据中的信息则是鱼，而"数据挖掘"就是捕鱼的网。如果把"大数据"狭义地理解为一类数据源，那么，"数据挖掘"就是用来驾驭"大数据"的重要手段之一。由于大数据是一类复杂的、不友好的数据源，用传统的方法往往难以驾驭，为了能够有效利用大数据，人们就逐渐发明出一套系统的方法工具，来对大数据进行收集、存储、抽取、转化、加载、清洗、分析、挖掘和应用，而"数据挖掘"就是各种挖掘工具方法的统称。

需要注意的是，对于大数据源通常不能直接进行数据挖掘，还需要耗费大量工作进行预处理。当然，完成了数据挖掘还没有结束，还需要对挖掘结果进行业务应用才能创造价值。就好比有一座铁矿山，得先从矿山中开采出品质达标的铁矿石（预处理过程，数据清洗、集成、变换和规约）才能送到炼钢厂冶炼为钢材（挖掘过程），最终钢材还要用到建筑工地上（应用过程）。

1.4.5 数据挖掘与相关学科的递进升级关系

从数据本身的复杂程度以及对数据进行处理的复杂度和深度来看，可以把数据分析分为以下 4 个层次：数据统计、OLAP、数据挖掘、大数据。

1. 数据统计

数据统计是最基本、最传统的数据分析，自古有之，是指通过统计学方法对数据进行排序、筛选、运算、统计等处理，从而得出一些有意义的结论。例如，对全年级学生按照平均成绩从高到低排序，前 10% 的学生可以获得研究生免试资格。

从图 1-1-3 不难发现，传统的查询和报表工具是告诉你数据库中有什么（What happened）。

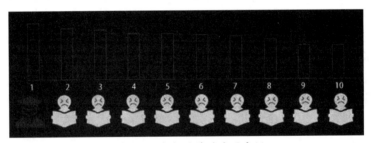

图 1-1-3　数据统计的应用实例

2. OLAP

联机分析处理（On line Analytical Processing，OLAP）是指基于数据仓库的在线多维统计分析。它允许用户在线地从多个维度观察某个度量值，从而为决策提供支持。举例，学校招生时要决定今年在江苏的招生指标，不能简单地参照去年的计划，而是要参考多个维度的数据积累。学校要在这些数据的支持下作出合理的决策。

从图 1-1-4 不难发现，OLAP 更进一步说明下一步会怎么样（What next），如果采取这样的措施又会怎么样（What if）。

3. 数据挖掘

数据挖掘是指从海量数据中找到人们未知的、可能有用的、隐藏的规则，可以通过关联分析、聚类分析、时序分析等各种算法发现一些无法通过观察图表得出的深层次原因。举例，学校发现高等数学等主干课的不及格率有逐年上升的趋势，一般认为是学生学习不认真所致，但做了很多工作效果并不明显，这时通过数据挖掘采取有针对性的管理措施，如图 1-1-5 所示。

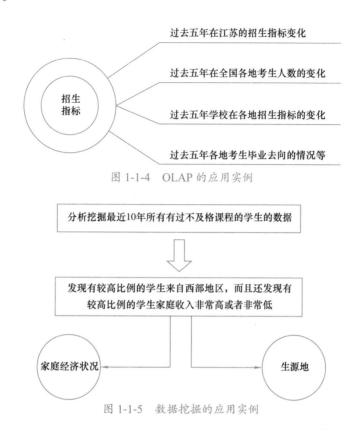

图 1-1-4 OLAP 的应用实例

图 1-1-5 数据挖掘的应用实例

4. 大数据

大数据是指用现有的计算机软硬件设施难以采集、存储、管理、分析和使用的超大规模的数据集。

从数据分析的角度来看，目前绝大多数学校的数据应用产品都还处在数据统计和报表分析的阶段，能够实现有效的 OLAP 分析与数据挖掘的还很少，而能够达到大数据应用阶段的非常少，至少还没有用过有效的大数据集，如图 1-1-6 所示。

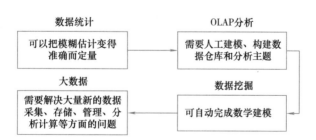

图 1-1-6 数据统计、OLAP 分析、数据挖掘和大数据之间的关系

第 2 章

数据挖掘任务和方法

数据挖掘包括的内容较多，从广义上而言，只要是从大量的原始数据中分析、挖掘有用的知识、信息的应用都属于数据挖掘。它可能涉及方方面面的知识与技能，既有传统的统计分析方法，也有现代的数据挖掘新技术。但就学术研究和产业应用的视角来看，数据挖掘的基本任务包括分类、聚类、关联分析、估测和预测。它们不仅在挖掘的目标和内容上不同，所使用的技术也差别较大。

二维码 1-2-1　数据挖掘任务和方法知识体系概览

2.1　大数据挖掘的任务

2.1.1　分类

分类是一个常见的问题，人们在日常生活中经常会遇到分类的问题，比如，垃圾分类。在数据挖掘中，分类也是最为常见的问题，其典型的应用就是根据事物在数据层面表现的特征对事物进行科学的分类。对于分类问题，人们已经研究并总结出了很多有效的方法。到目前为止，已经研究出的经典分类方法主要包括：决策树方法（经典的决策树算法主要包括 ID3 算法、C4.5 算法和 CART 算法等）、神经网络方法、贝叶斯分类、k 近邻算法、判别分析、支持向量等分类方法。不同的分类方法有不同的特点，这些分类方法在很多领域都得到了成功的应用。比如，决策树方法已经成功地应用到医学诊断、贷款风险评估等领域，神经网络则因为对噪声数据有很好的承受能力而在实际问题中得到了非常成功的应用，比如，识别手写字符、语音识别和人脸识别等。但是由于每一种方法都有缺陷，再加上实际问题的复杂性和数据的多样性，使得无论哪一种方法都只能解决某一类问题。近年来，随着人工智能机器学习模式识别和数据挖掘等领域中传统方法的不断发展以及各种新方法、新技术的不断涌现，分类方法得到了长足的发展。

1. 分类的含义

分类是构造一个分类模型，输入样本的属性值，输出对应的类别，将每个样本映射到预先定义好的类别。分类模型建立在已有类标记的数据集上，模型在已有样本上的准确率可以方便地计算出来，所以分类属于有监督的学习。图 1-2-1 是一个将销售量分为"高、中、低"三种分类的问题。

图 1-2-1　分类问题

分类挖掘所获的分类模型可以采用多种形式加以描述输出，其中主要的表示方法有分类规则、决策树、数学公式、神经网络、粗糙集等。

2. 分类的过程

分类有两个过程：第一个是学习步，通过归纳分析、训练样本集来建立分类模型，得到分类规则；第二个是分类步，先用已知的测试样本集评估分类规则的准确率，如果准确率是可以接受的，则使用该模型对未知类标号的待测样本集进行预测，如图 1-2-2 所示。

3. 分类的特点

分类和回归都可用于预测，两者的目的都是从历史数据记录中自动推导出对给定数据的推广描述，从而能对未来数据进行预测。与回归不同的是，分类的输出是离散的类别值，而回归的输出是连续数值。二者常表现为决策树的形式，根据数据值从树根开始搜索，沿着数据满足的分支往上走，走到树叶就能确定类别。

另外要注意的是，分类的效果一般和数据的特点有关，有的数据噪声大，有的有空缺值，有的分布稀疏，有的字段或属性间相关性强，有的属性是离散的，而有的是连续值或混合式的。

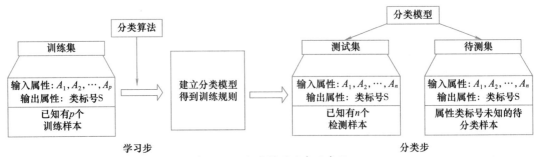

图 1-2-2　分类模型的实现步骤

4. 分类的用途

分类在客户管理、医疗诊断、信用卡的信用分级、图像模式识别等领域具有广泛的应用。例如，分类应用到客户的分类、客户的属性和特征分析、客户满意度分析、客户的购买趋势预测等，将客户按照对汽车的喜好划分成不同的类，这样营销人员就可以将新型汽车的广告手册直接邮寄到有这种喜好的客户手中，从而大大增加商业机会。

5. "二分"问题的实现

有一种很特殊的分类问题，那就是"二分"问题。显而易见，"二分"问题意味着预测的分类结果只有两个类：如是/否；好/坏；高/低……这类问题也称为0/1问题。之所以说它很特殊，主要是因为解决这类问题时，只需关注预测属于其中一类的概率即可，因为两个类的概率可以互相推导。如预测 $x=1$ 的概率为 $P(x=1)$，那么 $x=0$ 的概率 $P(x=0)=1-P(x=1)$。这一点是非常重要的。

可能很多人已经在关心数据挖掘方法是怎么预测 $P(x=1)$ 这个问题的了，其实并不难。解决这类问题的一个大前提就是通过历史数据的收集已经明确知道了某些用户的分类结果，如已经收集到了 10 000 个用户的分类结果，其中 7 000 个是属于"1"这类；3 000 个属于"0"这类。伴随着收集到分类结果的同时，还收集了这 10 000 个用户的若干特征（指标、变量）。这样的数据集一般在数据挖掘中被称为训练集，顾名思义，分类预测的规则就是通过这个数据集训练出来的。训练的大概思路是这样的：对所有已经收集到的特征/变量分别进行分析，寻找与目标0/1变量相关的特征/变量，然后归纳出 $P(x=1)$ 与筛选出来的相关特征/变量之间的关系（不同方法归纳出来的关系的表达方式是各不相同的，如回归的方法是通过函数关系式，决策树方法是通过规则集）。

2.1.2　聚类

1. 聚类的含义

聚类（Clustering）是指根据"物以类聚"的原理，将本身没有类别的样本聚集成不同的组（这样的一组数据对象的集合叫作簇）并且对每个簇进行描述的过程。它的目的是使得属于同一个簇的样本之间应该彼此相似，而不同簇的样本应该足够不相似。

与分类不同，分类需要先定义类别和训练样本，是有指导的学习。聚类就是将数据划分或分割成相交或者不相交的群组的过程，通过确定数据之间在预先指定的属性上的相似性就可以完成聚类任务。换而言之，聚类是在没有给定划分类的情况下，根据信息相似度进行信息聚类的一种方法，因此聚类又称为无指导的学习。聚类分析建模原理如图 1-2-3 所示。

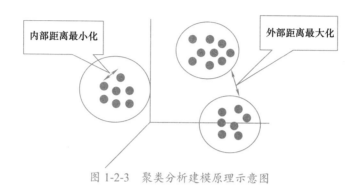

图 1-2-3　聚类分析建模原理示意图

2. 聚类的特点

聚类问题不属于预测性的问题，它主要解决的是把一群对象划分成若干个组的问题，划分的依据是聚类问题的核心。

和分类一样，聚类的目的也是把所有的对象分成不同的群组。与分类规则不同，进行聚类前并不知道将要划分成几个组和什么样的组，也不知道根据哪些空间区分规则来定义组。其目的旨在发现空间实体的属性间的函数关系，挖掘的知识用以属性名为变量的数学方程来表示。而且在机器学习中，聚类是一种无指导学习。也就是说，聚类是在预先不知道欲划分类的情况下，根据信息相似度原则进行信息聚类的一种方法。

聚类问题容易与分类问题混淆，主要是语言表达的原因，因为常有这样的话："根据客户的消费行为，把客户分成三个类，第一个类的主要特征是……"实际上这是一个聚类问题，但是在表达上容易让人误解为这是个分类问题。分类问题与聚类问题是有本质区别的：分类问题是预测一个未知类别的用户属于哪个类别（相当于做单选题），而聚类问题是根据选定的指标对一群用户进行划分（相当于做开放式的论述题），它不属于预测问题。

聚类的目的是使得属于同类别的对象之间的差别尽可能的小，而不同类别上的对象的差别尽可能的大。因此，聚类的意义就在于将观察到的内容组织成类分层结构，把类似的事物组织在一起。通过聚类能够识别密集的和稀疏的区域，因而发现全局的分布模式以及数据属性之间的有趣的关系。

3. 聚类的应用

聚类分析广泛应用于商业、生物、地理、网络服务等多个领域，涉及数据挖掘、统计学、机器学习、空间数据库技术、生物学以及市场营销等多个学科。聚类分析已经成为数据挖掘研究领域中一个非常活跃的研究课题，在不同的应用领域，很多聚类技术都得到了发展，这些技术方法被用作描述数据，衡量不同数据源间的相似性以及把数据源分类到不同的簇中。

在商业上，聚类分析被用来发现不同的客户群，并且通过购买模式刻画不同的客户群

的特征。例如:

1)谁是银行信用卡的黄金客户?

2)谁喜欢打国际长途,在什么时间,打到哪里?

3)对住宅区进行聚类,确定自动提款机 ATM 的安放位置。

4)如何对用户 WAP 上网行为进行分析,通过客户分群进行精确营销?

除此之外,促销应该针对哪一类客户,这类客户具有哪些特征?这类问题往往是在促销前首要解决的问题,对整个客户做分群,将客户分组在各自的群组里,然后对每个不同的群组采取不同的营销策略。

在生物上,聚类分析被用于对动植物分类和对基因进行分类,从而获取对种群固有结构的认识,也可以通过一些特定的症状归纳某类特定的疾病;在地理上,聚类能够帮助识别相似的地理区域;在保险行业上,聚类分析通过一个高的平均消费来鉴定汽车保险单持有者的分组,同时根据住宅类型、价值、地理位置来鉴定一个城市的房产分组;在互联网应用上,聚类分析被用于在网上进行文档归类来修复信息。

聚类问题的研究已经有很长的历史。迄今为止,为了解决各领域的聚类应用,已经提出的聚类算法有近百种。根据聚类原理,可将聚类算法分为以下几种:划分聚类、层次聚类、基于密度的聚类、基于网格的聚类和基于模型的聚类。虽然聚类的方法很多,但在实践中用得比较多的还是 K-means、层次聚类、神经网络聚类、模糊 C 均值聚类、高斯聚类这几种常用的方法。

4. 聚类的实现

聚类的方法层出不穷,基于用户间彼此距离的长短来对用户进行聚类划分的方法依然是当前最流行的方法。大致的思路是这样的:首先,确定选择哪些指标对用户进行聚类;然后,在选择的指标上计算用户彼此间的距离,距离的计算公式很多,最常用的就是直线距离(把选择的指标当作维度、用户在每个指标下都有相应的取值,可以看作多维空间中的一个点,用户彼此间的距离就可理解为两者之间的直线距离);最后,聚类方法把彼此距离比较短的用户聚为一类,类与类之间的距离相对比较长。

聚类主要是以统计方法、机器学习、神经网络等方法为基础。比较有代表性的聚类技术是基于几何距离的聚类方法,如欧氏距离、曼哈坦距离、明考斯基距离等。

2.1.3 关联分析

1. 关联分析的含义

关联分析(Association)又称关联挖掘,就是在交易数据、关系数据或其他信息载体中,查找存在于项目集合或对象集合之间的频繁模式、关联、相关性或因果结构,或者说关联分析是发现交易数据库中不同商品(项)之间的联系。

2. 关联分析中的"三度"

关联分析有三个非常重要的概念,那就是"三度":支持度、置信度、提升度。假设有 10 000 个人购买了产品,其中购买 A 产品的人是 1 000 个,购买 B 产品的人是 2 000 个,A、B 产品同时购买的人是 800 个。支持度指的是同时购买关联产品(假定 A 产品和 B 产品关联)的人数占总人数的比例,即 800/10 000=8%,有 8% 的用户同时购买了 A 和 B 两个产品;置信度指的是在购买了一个产品之后购买另外一个产品的可能性,例如购买了 A 产品之后购买 B 产品的可信度 =800/1 000=80%，即 80% 的用户在购买了 A 产品之后会购买 B 产品；提升度就是在购买 A 产品这个条件下购买 B 产品的可能性与没有这个条件下购买 B 产品的可能性之比，没有任何条件下购买 B 产品的可能性 =2000/10 000=20%，那么提升度 =80%/20%=4。

3. 关联分析的价值

关联分析是一种简单、实用的分析技术，目的是发现存在于大量数据集中的关联性或相关性，从而描述一个事物中某些属性同时出现的规律和模式。最初关联分析主要是在超市应用比较广泛，所以又叫"购物篮分析"（Market Basket Analysis，MBA）。该过程通过发现顾客放入其购物篮中的不同商品之间的联系，分析顾客的购买习惯。通过了解哪些商品频繁地被顾客同时购买，这种关联的发现可以帮助零售商制订营销策略。其他的应用还包括价目表设计、商品促销、商品的排放和基于购买模式的顾客划分。

可从数据中关联分析出形如"由于某些事件的发生而引起另外一些事件的发生"之类的规则。如"'C 语言'课程优秀的同学，在学习'数据结构'时为优秀的可能性达 88%"，那么就可以通过强化"C 语言"的学习来提高教学效果。又如"67% 的顾客在购买啤酒的同时也会购买尿布"，因此通过合理的啤酒和尿布的货架摆放或捆绑销售可提高超市的服务质量和效益。"啤酒和尿布"的启示在于：世界上的万事万物都有着千丝万缕的联系，要善于发现这种关联。

也可以利用关联分析，分析一群用户购买了很多产品之后，哪些产品同时购买的概率比较高？买了 A 产品的同时买哪个产品的概率比较高？如果在研究的问题中，一个用户购买的所有产品假定是同时一次性购买的，分析的重点就是所有用户购买的产品之间的关联性；如果假定一个用户购买的产品的时间是不同的，而且分析时需要突出时间先后上的关联，如先买了什么，后买了什么？那么这类问题称之为序列问题，它是关联问题的一种特殊情况。从某种意义上来说，序列问题也可以按照关联问题来操作。

4. 关联分析的实例

1）通过关联规则，推出相应的促销礼包或优惠组合套装，快速帮助提高销售额。如市场常见的一些捆绑优惠措施：飘柔洗发水 + 玉兰油沐浴露、海飞丝洗发水 + 舒肤佳沐浴露等促销礼包。

2）零售超市或商场，可以通过产品关联程度大小，指导产品合理摆放，方便顾客购买更多其所需要的产品。最常见的就是超市里面购买肉和购买蔬菜水果等的货架会摆放得很近，目的就是很多人会同时购买肉与蔬菜。产品的合理摆放也是提高销量的一个关键。

3）进行相关产品推荐或者挑选相应的关联产品进行精准营销。最常见的是顾客在亚马逊或京东购买产品的时候，旁边会出现购买该商品的用户中有百分之多少还会购买其他的产品，从而快速帮助顾客找到其共同爱好的产品。

4）寻找更多潜在的目标客户。例如，100 人里面，购买 A 的有 60 人，购买 B 的有 40 人，同时购买 A 和 B 的有 30 人，说明 A 里面有一半的顾客会购买 B。如果推出类似 B 的产品，除了向产品 B 的用户推荐（因为新产品与 B 的功能效果比较类似）之外，还可以向 A 的客户进行推荐，这样就能最大限度地寻找更多的目标客户。

5）信息推荐。例如，搜索引擎推荐，在用户输入查询时推荐相关的查询词项；在 Twitter 源中发现一些公共词，对于给定的搜索词，发现推文中频繁出现的单词集合，从新闻网站点击流中挖掘新闻流行趋势，挖掘哪些新闻广泛被用户浏览；图书馆信息的书籍推荐，根据学生的借书信息、不同专业学生的借书情况来挖掘不同学生的借书偏好，进行书目的推荐；校园网新闻通知信息的推荐，在对校园网新闻通知信息进行挖掘的过程中，分析不同部门、不同学院的新闻信息的不同，在进行新闻信息浏览的过程中进行新闻的推荐。

2.1.4 估测和预测

1. 估测和预测的含义

估测（Estimation）和预测（Prediction）是大数据挖掘中比较常用的方法。估测应用用来猜测现在的未知值，而预测应用用来预测未来的某一个未知值。估测和预测在很多时候可以使用同样的算法。估测通常用来为一个存在但是未知的数值填空，而预测的数值对象发生在将来，往往目前并不存在。举例来说，如果不知道某人的收入，可以通过与收入密切相关的量来估测，然后找到具有类似特征的其他人，利用他们的收入来估测未知者的收入和信用值。同理，可以根据历史数据来分析收入和各种变量的关系以及时间序列的变化，从而预测此人在未来某个时间点的具体收入会是多少。

2. 估测和预测的价值

估测和预测都包含采集历史数据，基于这些数据建立某种数学模型，并用它来推算所关注的研究对象某些方面特征值的预期值及可能的误差等。在数据挖掘中，估测和预测是基于既有的数据进行的记忆，探求历史数据蕴含的客观规律，并以此为依据对未知数据进行猜测或预测。

估测和预测的重要意义就在于它能够在自觉地认识客观规律的基础上，借助大量的信息资料和现代化的计算手段，比较准确地揭示出客观事物运行的本质，联系已有的发展趋势，预见到可能出现的种种情况，勾画出未来事物发展的基本轮廓，提出各种可以互相替代的发展方案，这样就使人们具有了战略眼光，使得决策有了充分的科学依据。

3. 估测和预测的常见方法

估测和预测的方法有许多，可以分为定性预测方法和定量预测方法，如图 1-2-4 所示。从数据挖掘的角度，用的方法显然属于定量分析方法，定量分析方法又分为时间序列分析和因果关系分析两类方法。

4. 估测和预测的应用

估测和预测在很多时候也可以连起来应用。比如，可以根据购买模式来估测一个家庭的孩子个数和家庭人口结构。或者根据购买模式，估测一个家庭的收入，然后预测这个家庭将来最需要的产品和数量以及需要这些产品的时间点。

对于估测和预测所做的数据分析，可以称作预测分析（Predictive Analysis），因其应用非常普遍，现在，预测分析被不少商业客户和数据挖掘行业的从业人员当作数据挖掘的同义词。

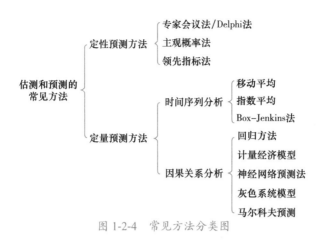

图 1-2-4 常见方法分类图

2.2 数据挖掘的常见方法

2.2.1 聚类分析

聚类分析又称群分析，是指对样品或指标进行分类的一种多元统计分析方法。它们讨论的对象是大量的样品，要求能合理地按各自的特性来进行合理的分类。没有任何模式可供参考或依循，即在没有先验知识的情况下进行。聚类分析的目标就是在相似的基础上收集数据然后分类。

1. 聚类的种类

聚类分析可以分为 K-means Cluster 聚类和系统聚类。

K-means Cluster 聚类的步骤：首先，选择 n 个数值型变量参与聚类分析，最后要求的聚类数为 k 个；然后，由系统选择 k 个（聚类的类数）观测量（也可由用户指定）作为聚类的种子；第三，按照距离这些类中心的距离最小的原则把所有观测量（样品）分派到各类中心所在的类中；第四，这样每类中可能有若干个样品，计算每个类中各个变量的均值，以此作为第二次迭代的中心；第五，根据这个中心重复第三、第四步，直到中心的迭代标准达到要求时，聚类过程结束。

系统聚类的步骤：首先，数据的标准化；然后，测度方法的选择：距离方法的选择或相似性、关联程度的选择；第三，聚类方法的选择：即以什么方法聚类，例如 SPSS 中提供了 7 种方法可进行选择；最后，输出图形的选择：树形图或冰柱图。

2. 聚类的计算方法

二维码 1-2-2 聚类的算法体系

聚类的计算方法包括分裂法（Partitioning Methods）、层次法（Hierarchical Methods）、基

于密度的方法（Density-based Methods）、基于网格的方法（Grid-based Methods）、基于模型的方法（Model-based Methods）。

（1）分裂法

分裂法又称划分方法（PAM），具体计算方法为：首先创建 k 个划分，k 为要创建的划分个数；然后，利用一个循环定位技术通过将对象从一个划分移到另一个划分来帮助改善划分质量。

典型的划分方法包括：K-means、K-medoids、CLARA（Clustering LARge Application）、CLARSNS（Clustering Large Application based upon RANdomized Search）、FCM 等。

（2）层次法

层次法是指创建一个层次以分解给定数据集的方法。该方法可以分为自上而下（分解）和自下而上（合并）两种操作方式。为了弥补分解与合并的不足，层次法经常要与其他聚类方法结合使用，如循环定位。

典型的层次法包括：① BIRCH（Balanced Iterative Reducing and Clustering using Hierarchies）方法，它首先利用树的结构对对象集进行划分；然后利用其他聚类方法对这些聚类进行优化。② CURE（Clustering Using REprisentatives）方法，它利用固定数目代表对象来表示相应聚类；然后对各聚类按照指定量（向聚类中心）进行收缩。③ ROCK 方法，它利用聚类间的连接进行聚类合并。④ CHEMALOEN 方法则是在层次聚类时构造动态模型。

（3）基于密度的方法

基于密度的方法是指根据密度完成对象的聚类——根据对象周围的密度（如 DBSCAN）不断增长聚类。典型的基于密度的方法包括：① DBSCAN（Densit-based Spatial Clustering of Application with Noise），该算法通过不断生长足够高密度区域来进行聚类；它能从含有噪声的空间数据库中发现任意形状的聚类。此方法将一个聚类定义为一组"密度连接"的点集。② OPTICS（Ordering Points To Identify the Clustering Structure）并不明确产生一个聚类，而是为自动交互的聚类分析计算出一个增强聚类顺序。

（4）基于网格的方法

此类方法首先将对象空间划分为有限个单元以构成网格结构，然后利用网格结构完成聚类。

典型的基于网格的方法包括：① STING（STatistical INformation Grid）就是一个利用网格单元保存的统计信息进行基于网格聚类的方法。② CLIQUE（Clustering In QUEst）和 WaveCluster 则是一个将基于网格与基于密度相结合的方法。

（5）基于模型的方法

此类方法假设每个聚类的模型并发现适合相应模型的数据。典型的基于模型的方法包括：①统计方法 COBWEB 是一个常用的且简单的增量式概念聚类方法。它的输入对象是采用符号量（属性-值）对来加以描述的。采用分类树的形式来创建一个层次聚类。② CLASSIT 是 COBWEB 的另一个版本，它可以对连续取值属性进行增量式聚类，为每个结点中的每个属性保存相应的连续正态分布（均值与方差）；并利用一个改进的分类能力描述方法，即不像 COBWEB 那样计算离散属性（取值）和而是对连续属性求积分。但是，CLASSIT 方法也存在与 COBWEB 类似的问题。因此，它们都不适合对大数据库进行聚类处理。

2.2.2 关联规则

1. 关联规则的背景

关联规则最初提出的动机是针对购物篮分析（Market Basket Analysis）问题提出的。假设分店经理想更多地了解顾客的购物习惯，特别是想知道哪些商品顾客可能会在一次购物时同时购买。为回答该问题，可以对商店顾客的实际购物数量进行购物篮分析。该过程通过发现顾客放入"购物篮"中的不同商品之间的关联，分析顾客的购物习惯。这种关联的发现可以帮助零售商了解哪些商品频繁地被顾客同时购买，从而帮助他们开发更好的营销策略。

1993 年，Agrawal 等人首先提出关联规则概念，同时给出了相应的挖掘算法 AIS，但是性能较差。1994 年，他们建立了项目集格空间理论，并依据上述两个定理，提出了著名的 Apriori 算法。至今 Apriori 仍然作为关联规则挖掘的经典算法被广泛讨论，以后诸多的研究人员对关联规则的挖掘问题进行了大量的研究。随着时间的推移，关联规则成为数据挖掘的常见方法之一，形成了自己的知识体系，如图 1-2-5 所示。

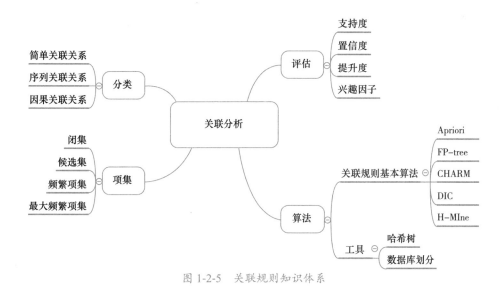

图 1-2-5 关联规则知识体系

在数据挖掘的知识模式中，关联规则是比较重要的一种。关联规则的概念由 Agrawal、Imielinski、Swami 提出，是数据中一种简单但很实用的规则。关联规则模式属于描述型模式，发现关联规则的算法属于无监督学习的方法。

2. 关联规则的含义

若两个或多个变量的取值之间存在某种规律性就称为关联。关联可分为简单关联、时序关联、因果关联，关联分析的目的是找出数据库中隐藏的关联网。

关联规则是指数据之间的简单的使用规则，或数据之间的相互依赖关系。关联规则反映了项目集 X 出现的同时项目集 Y 也会跟着出现，如购买钢笔同时会购买墨水。

衡量关联规则有两个标准，一个叫支持度，另一个叫置信度。如果两个都高于阈值，那么叫作强关联规则。如果只有一个高于阈值，则称为弱关联规则。

3. 关联规则的相关术语

为了将概念解释得更清楚一些，借用数据库中存在的 10 条交易记录（Transaction）来加以说明，具体见表 1-2-1。

表 1-2-1　关联规则示例

交易 ID（TID）	购买商品（Items）B: bread C:cream M:milk T:tea
T01	B C M T
T02	B C M
T03	C M
T04	M T
T05	B C M
T06	B T
T07	B M T
T08	B T
T09	B C M T
T10	B M T

1）项目（item）：其中的 B、C、M、T 都称作 item。

2）项集（itemset）：item 的集合，例如 {B C}、{CMT} 等，每个顾客购买的都是一个 itemset。其中，itemset 中 item 的个数称为 itemset 的长度，含有 k 个 item 的 itemset 称为 K−itemset.

3）交易（transaction）：定义 I 为所有商品的集合，在这个例子中 I={B C M T}。每个非空的 I 子集都称为一个交易。所有交易构成交易数据库 D。

4）项集支持度（support）：回顾一下项集概念，项集 X 的支持度定义为：项集 X 在交易数据库中出现的次数（频数）与所有交易次数的比。项集支持度也就是项集出现的频率。

5）频繁集（frequent itemset）：如果一个项集的支持度达到一定程度（人为规定），就称该项集为频繁项集，简称频繁集。这个人为规定的界限就被叫作项集最小支持度（记为 minsup）。更通俗地说，如果某个项集（商品组合）在交易数据库中出现的频率达到一定值，就称作频繁集。如果 K 项集支持度大于最小支持度，则称作 $K−$ 频繁集，记为 L_k。

6）关联规则（association rule）：R：$X \rightarrow Y$。

其中，X、Y 都是 I 的子集，且 X、Y 交集为空。这一规则表示如果项集 X 在某一交易中出现，则会导致项集 Y 以某一概率同时出现在这一交易中。例如，R1：{B} → {M} 表示如果面包 B 出现在一个购物篮中，则牛奶 M 以某一概率同时出现在该购物篮中。X 称为条件（antecedent or left−hand−side），Y 称为结果（consequence or right−hand−side）。衡量某一关联规则有两个指标：关联规则的支持度（support）和可信度（confidence）。

7）关联规则的支持度：交易数据库中同时出现 X、Y 的交易数与总交易数之比，记为 support（$X \rightarrow Y$）。其实也就是两个项集 {X Y} 出现在交易库中的频率。

比如，某超市 2016 年有 100 万笔销售，顾客购买可乐又购买薯片的有 20 万笔，顾客购买可乐又购买面包的有 10 万笔，那可乐和薯片的关联规则的支持度是 20%，可乐和面包的支持度是 10%。

8）关联规则的置信度：包含 X、Y 的交易数与包含 X 的交易数之比，记为 confidence $(X \rightarrow Y)$。也就是条件概率：当项集 X 出现时，项集 Y 同时出现的概率，$P(y|x)$。

例如，某超市 2016 年可乐的购买次数是 40 万笔，购买可乐又购买了薯片的是 30 万笔，顾客购买可乐又购买面包的有 10 万笔，则购买可乐又会购买薯片的置信度是 75%，购买可乐又购买面包的置信度是 25%，这说明买可乐也会买薯片的关联性比面包强，营销上可以做一些组合策略销售。

9）关联规则的提升度（Lift）：提升度表示先购买 A 对购买 B 的概率的提升作用，用来判断规则是否有实际价值，即使用规则后商品在购物车中出现的次数是否高于商品单独出现在购物车中的频率。如果大于 1 说明规则有效，小于 1 则无效。

在前述例子中，可乐和薯片的关联规则的支持度是 20%，购买可乐的支持度是 3%，购买薯片的支持度是 5%，则提升度是 1.33 > 1，A–B 规则对于商品 B 有提升效果。

10）Conviction：conv $(X \rightarrow Y)=[1-\text{sup}(Y)]/[1-\text{conf}(X \rightarrow Y)]$ 表示 X 出现而 Y 不出现的概率，也就是规则预测错误的概率。

综合一下，关联规则 R 就是：如果项集 X 出现在某一购物篮，则项集 Y 同时出现在这一购物篮的概率为 confidence $(X \rightarrow Y)$。

如果定义一个关联规则最小支持度和关联规则最小置信度，当某一规则两个指标都大于最低要求时，则成为强关联规则。反之成为弱关联规则。

例如，在表 2-2-1 中，对于规则 R：$B \rightarrow M$，假设这一关联规则的支持度为 6/10=0.6，表示同时包含 B 和 M 的交易数占总交易的 60%。置信度为 6/8=0.75，表示购买面包 B 的人，有 75% 可能性同时购买牛奶。也就是当抽样样本足够大时，每 100 个人当中，有 75 个人同时买了面包和牛奶，另外 25 个人只买其中一样。

4. 关联规则的步骤

有一个简单而粗鲁的方法可以找出所需要的规则，那就是穷举项集的所有组合，并测试每个组合是否满足条件，一个元素个数为 n 的项集的组合个数为 2^n-1（除去空集），所需要的时间复杂度明显为 $O(2^n)$。即使普通的超市，其商品的项集数也在 1 万以上，用指数时间复杂度的算法不能在可接受的时间内解决问题。怎样快速挖出满足条件的关联规则是关联挖掘需要解决的主要问题。

仔细想一下，会发现对于 {啤酒→尿布}，{尿布→啤酒} 这两个规则的支持度实际上只需要计算 {尿布，啤酒} 的支持度，即它们交集的支持度。于是，关联规则分两步进行：

1）找出存在于数据集中的所有频繁项集，即找出那些支持度不小于事先给定的支持度阈值的项集。

2）在频繁项集的基础上产生强关联规则，即产生那些支持度和置信度分别大于或等于事先给定的支持度阈值和置信度阈值的关联规则，如图 1-2-6 所示。

5. 关联规则的分类

关联规则挖掘就是要发现数据中项集之间存在的关联关系或相关联系。按照不同情况，关联规则挖掘可以分为如下几种情况：

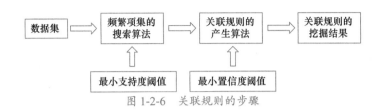

图 1-2-6 关联规则的步骤

（1）基于规则中处理的变量的类别，关联规则可以分为布尔型和数值型

布尔型关联规则处理的值都是离散的、种类化的，它显示了这些变量之间的关系。而数值型关联规则可以和多维关联或多层关联规则结合起来，对数值型字段进行处理，将其进行动态的分割，或者直接对原始的数据进行处理。当然，数值型关联规则中也可以包含种类变量，例如，性别 = 女 => 职业 = 秘书，是布尔型关联规则；性别 = 女 => avg（收入）= 2300，涉及的收入是数值类型，所以是一个数值型关联规则。

（2）基于规则中数据的抽象层次，可分为单层关联规则和多层关联规则

在单层关联规则中，所有的变量都没有考虑到现实的数据具有多个不同的层次，而在多层的关联规则中对数据的多层次性已经进行了充分的考虑。例如，IBM 台式机 => HP 打印机，是一个细节数据上的单层关联规则，台式机 => HP 打印机，是一个较高层次和细节层次之间的多层关联规则。

（3）基于规则中涉及的数据的维数，关联规则可分为单维的和多维的

在单维的关联规则中，只涉及数据的一个维，如用户购买的物品，而在多维的关联规则中要处理的数据会涉及多个维，换句话说，单维关联规则是处理单个属性中的一些关系，多维关联规则是处理各个属性之间的某些关系，例如，啤酒 => 尿布，这条规则只涉及用户购买的物品；性别 = 女 => 职业 = 秘书，这条关联规则就涉及两个字段的信息，是两个维上的一条关联规则。

在量化投资领域需要研究的关联规则包含三种情况，但在实际应用中到底是属于哪种情况的关联往往并不分得非常清楚，而是考虑与投资行为相关的各种关联，但这三种模式给出了考虑关联的途径，这样在实际的应用中就可以按照这些思路去探讨投资领域的关联关系。

6. 关联规则挖掘的相关算法

（1）Apriori 算法

Apriori 算法是一种最有影响的挖掘布尔关联规则频繁项集的算法，其核心是基于两阶段频集思想的递推算法。该关联规则在分类上属于单维、单层、布尔关联规则。在这里，所有支持度大于最小支持度的项集称为频繁项集，简称频集。

该算法的基本思想是：首先找出所有的频集，这些项集出现的频繁性至少和预定义的最小支持度一样。然后由频集产生强关联规则，这些规则必须满足最小支持度和最小可信度。然后使用第 1 步找到的频集产生期望的规则，产生只包含集合的项的所有规则，其中每一条规则的右部只有一项，这里采用的是中规则的定义。一旦这些规则被生成，那么只有那些大于用户给定的最小可信度的规则才被留下来。为了生成所有频集，使用了递推的方法。

可能产生大量的候选集以及可能需要重复扫描数据库，是 Apriori 算法的两大缺点。

（2）基于划分的算法

Savasere 等设计了一个基于划分的算法。这个算法先把数据库从逻辑上分成几个互不相交的块，每次单独考虑一个分块并对它生成所有的频集，然后把产生的频集合并，用来生成所有可能的频集，最后计算这些项集的支持度。这里分块的大小选择要使得每个分块可以被放入主存，每个阶段只需被扫描一次。而算法的正确性是由每一个可能的频集至少在某一个分块中是频集保证的。该算法是可以高度并行的，可以把每一分块分别分配给某一个处理器生成频集。产生频集的每一个循环结束后，处理器之间进行通信来产生全局的候选 $k-$ 项集。通常这里的通信过程是算法执行时间的主要瓶颈；而另一方面，每个独立的处理器生成频集的时间也是一个瓶颈。

（3）FP- 树频集算法

针对 Apriori 算法的固有缺陷，J. Han 等提出了不产生候选挖掘频繁项集的方法：FP- 树频集算法。采用分而治之的策略，在经过第一遍扫描之后，把数据库中的频集压缩进一棵频繁模式树（FP-tree），同时依然保留其中的关联信息，随后再将 FP-tree 分化成一些条件库，每个库和一个长度为 1 的频集相关，然后再对这些条件库分别进行挖掘。当原始数据量很大的时候，也可以结合划分的方法，使得一个 FP-tree 可以放入主存中。实验表明，FP-growth 对不同长度的规则都有很好的适应性，同时在效率上较 Apriori 算法有巨大的提高。

2.2.3　决策树

决策树起源于概念学习系统 CLS（Concept Learning System）。决策树（Decision Tree）是在已知各种情况发生概率的基础上，通过构成决策树来求取净现值的期望值大于等于零的概率，评价项目风险，判断其可行性的决策分析方法，是直观运用概率分析的一种图解法。由于这种决策分支画成图形很像一棵树的枝干，故称为决策树。

二维码 1-2-3　生活中的决策树思维

1. 决策树的含义

决策树是一种通过对历史数据进行测算，实现对新数据进行分类和预测的算法。简单来说决策树算法就是通过对已有明确结果的历史数据进行分析，寻找数据中的特征，并以此为依据对新产生的数据结果进行预测。

决策树由 3 个主要部分组成，分别为决策节点（根节点）、分支和叶子节点。其中决策树最顶部的决策节点是根决策节点，每一个分支都有一个新的决策节点。决策节点下面是叶子节点。每个决策节点表示一个待分类的数据类别或属性，每个叶子节点表示一种结果。整个决策的过程从根决策节点开始，从上到下。根据数据的分类在每个决策节点给出不同的结果，如图 1-2-7 所示。

图 1-2-7　决策树示意图

2. 决策树的构成要素

决策树的构成有四个要素（见图 1-2-8）：①决策节点；②方案枝；③状态节点；④概率枝。

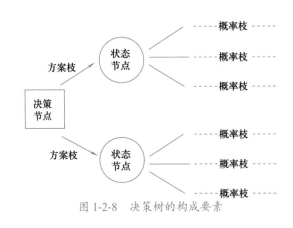

图 1-2-8　决策树的构成要素

由图 1-2-8 不难发现，决策树一般由方块节点、圆形节点、方案枝、概率枝等组成，方块节点称为决策节点，由节点引出若干条细支，每条细支代表一个方案，称为方案枝；圆形节点称为状态节点，由状态节点引出若干条细支，表示不同的自然状态，称为概率枝。每条概率枝代表一种自然状态。在每条细枝上标明客观状态的内容和其出现的概率。在概率枝的最末梢标明该方案在该自然状态下所达到的结果（收益值或损失值）。这样树形图由左向右、由简到繁展开，组成一个树状网络图。

3. 决策树的构建步骤

决策树就是将决策过程各个阶段之间的结构绘制成一张箭线图，如图 1-2-9 所示。

选择分割的方法有好几种，但目的都是一致的：对目标类尝试进行最佳的分割。从根到叶子节点都有一条路径，这条路径就是一条"规则"。决策树可以是二叉的，也可以是多叉的。有些规则的效果可以比其他的一些规则要好。

第一步，绘制树状图，根据已知条件排列出各个方案和每一个方案的各种自然状态。

第二步，将各状态概率及损益值标于概率枝上。

第三步，计算各个方案期望值并将其标于该方案对应的状态结点上。

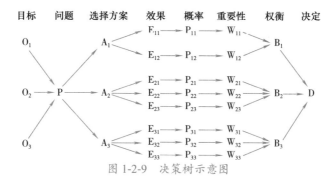

图 1-2-9　决策树示意图

第四步，进行剪枝，比较各个方案的期望值，并标于方案枝上，将期望值小的（即劣等方案剪掉）所剩的最后方案为最佳方案。

例如，某企业在下年度有甲、乙两种产品方案可供选择，每种方案都面临滞销、一般、和畅销三种市场状态。各状态的概率和损益值见表 1-2-2。

表 1-2-2　企业产品方案一览

市场状态损益值方案	滞销	一般	畅销
	0.2	0.3	0.5
甲方案	20	70	100
乙方案	10	50	160

根据给出的条件，运用决策树法选择一个最佳决策方案，解题方法如图 1-2-10 所示。

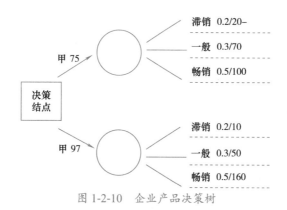

图 1-2-10　企业产品决策树

由图 1-2-10 可以看出，决策树法的决策过程就是利用了概率论的原理，并且利用一种树形图作为分析工具。其基本原理是用决策点代表决策问题，用方案分枝代表可供选择的方案，用概率分枝代表方案可能出现的各种结果，经过对各种方案在各种结果条件下损益值的计算比较，为决策者提供决策依据。

4. 决策树的优点

决策树易于理解和实现，在学习过程中不需要使用者了解很多背景知识，它同时也具有能够直接体现数据的特点，通过解释后大部分人都有能力去理解决策树所表达的意义。

对于决策树，数据的准备往往是简单或者是不必要的，而且能够同时处理数据型和常规型属性，在相对短的时间内能够对大型数据源得出可行且效果良好的结果。易于通过静态测试来对模型进行评测，可以测定模型可信度；如果给定一个观察的模型，那么根据所产生的决策树很容易推出相应的逻辑表达式。

决策树还有一个很大的优势，就是可以容忍缺失数据。如果决策树中某个条件缺失，则可以按一定的权重分配继续往以后的分支走，最终的结果可能有多个，每个结果有一定的概率，即：最终结果 = 某个分支的结果 × 该分支的权重（该分支下的结果数 / 总结果数）。

决策树也很擅长处理非数值型数据，与神经网络只能处理数值型数据相比，就免去了很多数据预处理工作。甚至有些决策树算法专为处理非数值型数据而设计，因此当采用此种方法建立决策树同时又要处理数值型数据时，反而要做把数值型数据映射到非数值型数据的预处理。

5. 决策树的缺点

1）对连续性的字段比较难预测。

2）对有时间顺序的数据，需要做很多预处理的工作。

3）当类别太多时，错误可能就会增加得比较快。

4）一般的算法分类的时候，只是根据一个字段来分类。

6. 决策树的适用范围

决策树含义直观，容易解释。对于实际应用，决策树还有其他算法难以比肩的速度优势。这使得决策树一方面能够有效地进行大规模数据的处理和学习；另一方面在测试 / 预测阶段满足实时或者更高的速度要求。历史上，因为预测结果方差大而且容易过拟合，决策树曾经一度被学术界冷落。但是在近些年，随着集成学习（Ensemble Learning）的发展和大数据时代的到来，决策树的缺点被逐渐克服，同时它的优点得到了更好的发挥。在工业界，决策树以及对应的集成学习算法（如 Boosting，随机森林）已经成为解决实际问题的重要工具之一，其成功应用包括人脸检测、人体动作识别（Body Tracking）。

科学决策是现代管理者的一项重要职责。管理实践中常遇到的情景是：若干个可行性方案制订出来了，分析一下内、外部环境，大部分条件是已知的，但还存在一定的不确定因素。每个方案的执行都可能出现几种结果，各种结果的出现有一定的概率，决策存在着一定的胜算，也存在着一定的风险。这时，决策的标准只能是期望值，即各种状态下的加权平均值。针对上述问题，用决策树法来解决不失为一种好的选择。

决策树法作为一种决策技术已被广泛地应用于投资决策之中，它是随机决策模型中最常见、最普及的一种方法，此方法有效地控制了决策带来的风险。所谓决策树法就是运用树状图表示各决策的期望值，通过计算最终优选出效益最大、成本最小的决策方法。决策树法属于风险型决策方法，不同于确定型决策方法，二者适用的条件也不同。应用决策树决策方法必须具备以下条件：

①具有决策者期望达到的明确目标；

②存在决策者可以选择的两个以上的可行备选方案；

③存在着决策者无法控制的两种以上的自然状态（如气候变化、市场行情、经济发展

动向等）；

④不同行动方案在不同自然状态下的收益值或损失值（简称损益值）可以计算出来；

⑤决策者能估计出不同自然状态的发生概率。

7. 决策树中的常用方法

（1）C&R 树

C&R 树（Classification and Regression Trees）是一种基于树的分类和预测方法，模型使用简单，易于理解（规则解释起来更简明易懂），该方法通过在每个步骤最大限度降低不纯洁度，使用递归分区来将训练记录分割为组。然后，可根据使用的建模方法在每个分割处自动选择最合适的预测变量。如果结点中 100% 的观测值都属于目标字段的一个特定类别，则该结点将被认定为"纯洁"。目标和预测变量字段可以是范围字段，也可以是分类字段；所有分割均为二元分割（即分割为两组）。分割标准用的是基尼系数（Gini Index）。

（2）QUEST 决策树

QUEST 决策树（Quick Unbiased Efficient statistical tree，快速无偏有效的统计树）的优点在于：运算过程比 C&R 树更简单有效，QUEST 结点可提供用于构建决策树的二元分类法，此方法的设计目的是减少大型 C&R 决策树分析所需的处理时间，同时减小分类树方法中常见的偏向类别较多预测变量的趋势。预测变量字段可以是数字范围的，但目标字段必须是分类的。所有分割都是二元的。

（3）CHAID 决策树

CHAID（CHi-squared Automatic Interaction Detection，卡方自动交互检测）决策树是通过使用卡方统计量识别最优分割来构建决策树的分类方法。它的优点有：

①可产生多分支的决策树；

②目标和预测变量字段可以是范围字段，也可以是分类字段；

③从统计显著性角度确定分支变量和分割值，进而优化树的分枝过程（前向修剪）；

④建立在因果关系探讨中，依据目标变量实现对输入变量众多水平划分。

（4）C5.0 决策树

C5.0 决策树的优点包括：

①执行效率和内存使用改进、适用大数据集；

②在面对数据遗漏和输入字段等很多问题时非常稳健；

③通常不需要很长的训练次数进行估计；

④工作原理是基于产生最大信息增益的字段逐级分割样本；

⑤比一些其他类型的模型易于理解，模型推出的规则有非常直观的解释；

⑥允许进行多次多于两个子组的分割；

⑦目标字段必须为分类字段。

2.2.4　神经网络

1. 神经网络的含义

神经网络可以指向两种，一种是生物神经网络，一种是人工神经网络。生物神经网络一般指生物的大脑神经元、细胞、触点等组成的网络，用于产生生物的意识，帮助生物进行思考和行动。人工神经网络（Artificial Neural Networks，ANNs）也简称为神经网络（NNs）

或称作连接模型（Connection Model），它是一种模仿动物神经网络行为特征，进行分布式并行信息处理的算法数学模型。这种网络依靠系统的复杂程度，通过调整内部大量节点之间相互连接的关系，从而达到处理信息的目的。

数据挖掘的神经网络，正是人工神经网络，指的是一种应用类似于大脑神经突触连接的结构进行信息处理的数学模型。也就是说，神经网络是一种运算模型，由大量的节点（或称神经元）之间相互连接构成。每个节点代表一种特定的输出函数，称为激励函数（activation function）。每两个节点间的连接都代表一个对于通过该连接信号的加权值，称之为权重，这相当于人工神经网络的记忆。网络的输出，则依网络的连接方式、权重值和激励函数的不同而不同。而网络自身通常都是对自然界某种算法或者函数的逼近，也可能是对一种逻辑策略的表达。

2. 发展历史

二维码 1-2-4　神经网络的来龙去脉

1943 年，心理学家 W.S.Mc Culloch 和数理逻辑学家 W.Pitts 建立了神经网络和数学模型，称为 MP 模型。他们通过 MP 模型提出了神经元的形式化数学描述和网络结构方法，证明了单个神经元能执行逻辑功能，从而开创了人工神经网络研究的时代。1949 年，心理学家提出了突触联系强度可变的设想。

20 世纪 60 年代，人工神经网络得到了进一步发展，更完善的神经网络模型被提出，其中包括感知器和自适应线性元件等。M.Minsky 等仔细分析了以感知器为代表的神经网络系统的功能及局限后，于 1969 年出版了《Perceptron》一书，指出感知器不能解决高阶谓词问题。他们的论点极大地影响了神经网络的研究，加之当时串行计算机和人工智能所取得的成就，掩盖了发展新型计算机和人工智能新途径的必要性和迫切性，使人工神经网络的研究处于低潮。在此期间，一些人工神经网络的研究者仍然致力于这一研究，提出了适应谐振理论（ART 网）、自组织映射、认知机网络，同时进行了神经网络数学理论的研究。以上研究为神经网络的研究和发展奠定了基础。

1982 年，美国加州工学院物理学家 J.J.Hopfield 提出了 Hopfield 神经网格模型，引入了"计算能量"概念，给出了网络稳定性判断。1984 年，他又提出了连续时间 Hopfield 神经网络模型，为神经计算机的研究做了开拓性的工作，开创了神经网络用于联想记忆和优化计算的新途径，有力地推动了神经网络的研究。1985 年，又有学者提出了波耳兹曼模型，在学习中采用统计热力学模拟退火技术，保证整个系统趋于全局稳定点。1986 年有的学者进行认知微观结构的研究，提出了并行分布处理的理论。

20 世纪 90 年代初，又有脉冲耦合神经网络模型被提出。人工神经网络的研究受到了各个发达国家的重视，美国国会通过决议将自 1990 年 1 月 5 日始的十年定为"脑的十年"，国际研究组织号召它的成员国将"脑的十年"变为全球行为。在日本的"真实世界计算

（RWC）"项目中，人工智能的研究成了一个重要的组成部分。

最近十多年来，人工神经网络的研究工作不断深入，已经取得了很大的进展，其在模式识别、智能机器人、自动控制、预测估计、生物、医学、经济等领域已成功地解决了许多现代计算机难以解决的实际问题，表现出了良好的智能特性。

3. 学习机理与机构

学习是神经网络一种最重要也最令人瞩目的特点。在神经网络的发展进程中，学习算法的研究有着十分重要的地位。目前，人们所提出的神经网络模型都是和学习算法相适应的。所以，有时并不需要对模型和算法进行严格的定义或区分。有的模型可以有多种算法，而有的算法可用于多种模型。

在神经网络中，对外部环境提供的模式样本进行学习训练，并能存储这种模式，则称为感知器；对外部环境有适应能力，能自动提取外部环境变化特征，则称为认知器。神经网络在学习中，一般分为有教师学习和无教师学习两种。感知器采用有教师信号（即在神经网络学习中由外部提供的模式样本信号）进行学习，而认知器则采用无教师信号学习。

在主要神经网络如 BP 网络、Hopfield 网络、ART 网络和 Kohonen 网络中，BP 网络和 Hopfield 网络是需要教师信号才能进行学习的；而 ART 网络和 Kohonen 网络则无需教师信号就可以学习。

4. 神经网络的特点与功能

（1）神经网络的特点

神经网络的以下几个突出的优点使它近年来引起了极大关注：

①可以充分逼近任意复杂的非线性关系。

②所有定量或定性的信息都等势分布，储存于网络内的各神经元，故有很强的鲁棒性和容错性。

③采用并行分布处理方法，使得快速进行大量运算成为可能。

④可学习和自适应不知道或不确定的系统。

⑤能够同时处理定量、定性知识。

（2）神经网络的功能

神经网络的特点和优越性，主要表现在三个方面：

第一，具有自学习功能。例如，实现图像识别时，只要先把许多不同的图像样板和对应的应识别的结果输入神经网络，网络就会通过自学习功能慢慢学会识别类似的图像。自学习功能对于预测有特别重要的意义。预期未来的神经网络计算机将为人类提供经济预测、市场预测、效益预测，其应用前途是非常远大的。

第二，具有联想存储功能。用神经网络的反馈网络就可以实现这种联想。

第三，具有高速寻找优化解的能力。寻找一个复杂问题的优化解，往往需要很大的计算量，利用一个针对某问题而设计的反馈型神经网络，发挥计算机的高速运算能力，可能很快找到优化解。

5. 神经网络的应用

经过几十年的发展，神经网络理论在模式识别、自动控制、信号处理、辅助决策、人工智能等众多研究领域取得了广泛的成功。下面介绍神经网络在一些领域的应用现状。

（1）神经网络在信息领域中的应用

在处理许多问题时，信息来源既不完整，又包含假象，决策规则有时相互矛盾，有时无章可循，这给传统的信息处理方式带来了很大的困难，而神经网络却能很好地处理这些问题，并给出合理的识别与判断。

1）神经网络在信息处理方面的应用。现代信息处理要解决的问题是很复杂的，神经网络具有模仿或代替与人的思维有关的功能，可以实现自动诊断、问题求解，解决传统方法所不能或难以解决的问题。神经网络系统具有很高的容错性、鲁棒性及自组织性，即使连接线遭到很高程度的破坏，它仍能处在优化工作状态，这点在军事系统电子设备中得到了广泛的应用。现有的智能信息系统有智能仪器、自动跟踪监测仪器系统、自动控制制导系统、自动故障诊断和报警系统等。

2）神经网络在模式识别方面的应用。模式识别是对表征事物或现象的各种形式的信息进行处理和分析，来对事物或现象进行描述、辨认、分类和解释的过程。该技术以贝叶斯概率论和申农的信息论为理论基础，对信息的处理过程更接近人类大脑的逻辑思维过程。现在有两种基本的模式识别方法，即统计模式识别方法和结构模式识别方法。神经网络是模式识别中的常用方法，近年来发展起来的神经网络模式的识别方法逐渐取代传统的模式识别方法。经过多年的研究和发展，模式识别已成为当前比较先进的技术，被广泛应用到文字识别、语音识别、指纹识别、遥感图像识别、人脸识别、手写体字符的识别、工业故障检测、精确制导等方面。

（2）神经网络在医学中的应用

由于人体和疾病的复杂性、不可预测性，在生物信号与信息的表现形式上、变化规律（自身变化与医学干预后变化）上，对其进行检测与信号表达，获取的数据及信息的分析、决策等诸多方面都存在非常复杂的非线性联系，适合神经网络的应用。目前的研究几乎涉及从基础医学到临床医学的各个方面，主要应用于生物信号的检测与自动分析、医学专家系统等。

1）神经网络在生物信号检测与分析方面的应用。大部分医学检测设备都是以连续波形的方式输出数据的，这些波形是诊断的依据。神经网络是由大量的简单处理单元连接而成的自适应动力学系统，具有巨量并行性、分布式存储、自适应学习的自组织等功能，可以用它来解决生物医学信号分析处理中常规方法难以解决或无法解决的问题。神经网络在生物医学信号检测与处理中的应用主要集中在对脑电信号的分析，听觉诱发电位信号的提取、肌电和胃肠电等信号的识别，心电信号的压缩，医学图像的识别和处理等。

2）神经网络在医学专家系统方面的应用。传统的专家系统，是把专家的经验和知识以规则的形式存储在计算机中，建立知识库，用逻辑推理的方式进行医疗诊断。但是在实际应用中，随着数据库规模的增大，将导致知识"爆炸"，在知识获取途径中也存在"瓶颈"问题，致使工作效率很低。以非线性并行处理为基础的神经网络为专家系统的研究指明了新的发展方向，解决了专家系统的以上问题，并提高了知识的推理、自组织、自学习能力，从而在医学专家系统中得到广泛的应用和发展。在麻醉与危重医学等相关领域的研究中，涉及多生理变量的分析与预测，在临床数据中存在着一些尚未发现或无确切证据的关系与现象，信号的处理、干扰信号的自动区分检测、各种临床状况的预测等，都可以应用到神经网络技术。

（3）神经网络在经济领域的应用

1）神经网络在市场价格预测方面的应用。对商品价格变动的分析，可归结为对影响市场供求关系的诸多因素的综合分析。传统的统计经济学方法因其固有的局限性，难以对价格变动作出科学的预测，而神经网络容易处理不完整的、模糊不确定或规律性不明显的数据，所以用神经网络进行价格预测有着传统方法无法比拟的优势。从市场价格的确定机制出发，依据影响商品价格的家庭户数、人均可支配收入、贷款利率、城市化水平等复杂多变的因素，建立较为准确可靠的模型。该模型可以对商品价格的变动趋势进行科学预测，并得到准确客观的评价结果。

2）神经网络在风险评估方面的应用。风险是指在从事某项特定活动的过程中，因其存在的不确定性而产生的经济或财务的损失、自然破坏或损伤的可能性。防范风险的最佳办法就是事先对风险作出科学的预测和评估。应用神经网络的预测思想是根据具体现实的风险来源构造出适合实际情况的信用风险模型的结构和算法，得到风险评价系数，然后确定实际问题的解决方案。利用该模型进行实证分析能够弥补主观评估的不足，从而取得满意效果。

（4）神经网络在控制领域的应用

神经网络由于其独特的模型结构和固有的非线性模拟能力，以及高度的自适应和容错特性等突出特征，在控制系统中获得了广泛的应用。其在各类控制器框架结构的基础上，加入了非线性自适应学习机制，从而使控制器具有更好的性能。基本的控制结构有监督控制、直接逆模控制、模型参考控制、内模控制、预测控制、最优决策控制等。

（5）神经网络在交通领域的应用

近年来，学者对神经网络在交通运输系统中的应用开始了深入的研究。交通运输问题是高度非线性的，可获得的数据通常是大量的、复杂的，用神经网络处理相关问题有巨大的优越性。神经网络在交通运输领域的应用范围包括汽车驾驶员行为的模拟、参数估计、路面维护、车辆检测与分类、交通模式分析、货物运营管理、交通流量预测、运输策略与经济、交通环保、空中运输、船舶的自动导航及船只的辨认、地铁运营及交通控制等领域并已经取得了很好的效果。

（6）神经网络在心理学领域的应用

从神经网络模型的形成开始，它就与心理学有着密不可分的联系。神经网络抽象于神经元的信息处理功能，神经网络的训练则反映了感觉、记忆、学习等认知过程。在不断的研究进程中，神经网络的结构模型和学习规则也不断变化，从不同角度探讨着神经网络的认知功能，为其在心理学中的研究奠定了坚实的基础。近年来，神经网络模型已经成为探讨社会认知、记忆、学习等高级心理过程机制不可或缺的工具。神经网络模型还可以对脑损伤病人的认知缺陷进行研究，这对传统的认知定位机制提出了挑战。

虽然神经网络已经取得了一定的进步，但是还存在许多缺陷，例如，应用的面不够宽阔、结果不够精确；现有模型算法的训练速度不够高；算法的集成度不够高；同时希望在理论上寻找新的突破点，建立新的通用模型和算法；需进一步对生物神经元系统进行研究，不断丰富对人脑神经的认识。

2.2.5 回归分析

1. 回归分析的含义

回归（Regression）是确定两种或两种以上变数间相互定量关系的一种统计分析方法。

回归在数据挖掘中是最为基础的方法，也是应用领域和应用场景最多的方法，在工商管理、经济、社会、医学和生物学等领域应用十分广泛。只要是量化型问题，一般都会先尝试用回归方法来研究或分析。比如，要研究某地区钢材消费量与国民收入的关系，那么就可以直接用这两个变量的数据进行回归，然后看看它们之间的关系是否符合某种形式的回归关系。

回归分析是通过建立模型来研究变量之间相互关系的密切程度、结构状态及进行模型预测的一种有效工具，在量化投资领域，也经常需要用到回归方法。比如，用回归方法研究经济走势、大盘走势、个股走势建模等。量化投资机构常用的多因子模型就可以用多元回归方法得到。

2. 回归分析的分类

回归分析按照涉及变量的多少，分为一元回归和多元回归分析；按照因变量的多少，可分为简单回归分析和多重回归分析；按照自变量和因变量之间的关系类型，可分为线性回归分析和非线性回归分析。如果在回归分析中，只包括一个自变量和一个因变量，且二者的关系可用一条直线近似表示，这种回归分析称为一元线性回归分析。如果回归分析中包括两个或两个以上的自变量，且自变量之间存在线性相关，则称为多重线性回归分析。

另外，还有两种特殊的回归方式：一种是在回归过程中可以调整变量数的回归方法，称为逐步回归；另一种是以指数结构函数作为回归模型的回归方法，被称为 Logistic 回归。

从 19 世纪初高斯提出最小二乘估计算起，回归分析的历史已有 200 多年。从经典的回归分析方法到近代的回归分析方法，按照研究方法划分，回归分析研究的范围大致如图 1-2-11 所示。

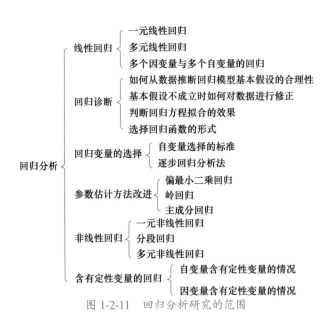

图 1-2-11　回归分析研究的范围

（1）线性回归

线性回归（Linear Regression）是最为人熟知的建模技术之一。线性回归通常是人们在学习预测模型时首选的技术之一。在这种技术中，因变量是连续的，自变量可以是连续的也可以是离散的，回归线的性质是线性的。

线性回归使用最佳的拟合直线（也就是回归线）在因变量（Y）和一个或多个自变量（X）之间建立一种关系。

用一个方程式来表示它，即 $Y=a+b \times X+e$，其中 a 表示截距，b 表示直线的斜率，e 是误差项。这个方程可以根据给定的预测变量（s）来预测目标变量的值，如图 1-2-12 所示。

一元线性回归和多元线性回归的区别在于，多元线性回归有多（>1）个自变量，而一元线性回归通常只有 1 个自变量。因此，多元线性回归可表示为 $Y=a+b_1 \times X+b_2 \times X_2+e$，其中 a 表示截距，b 表示直线的斜率，e 是误差项。多元线性回归可以根据给定的预测变量（s）来预测目标变量的值。

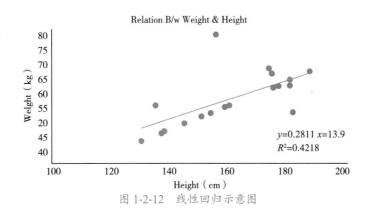

图 1-2-12　线性回归示意图

线性回归的要点在于：第一，自变量与因变量之间必须有线性关系；第二，多元回归存在多重共线性、自相关性和异方差性；第三，线性回归对异常值非常敏感，它会严重影响回归线，最终影响预测值；第四，多重共线性会增加系数估计值的方差，使得在模型轻微变化的情况下，估计非常敏感，结果就是系数估计值不稳定；第五，在多个自变量的情况下，可以使用向前选择法、向后剔除法和逐步筛选法来选择最重要的自变量。

（2）逻辑回归

逻辑回归（Logistic Regression）是用来计算"事件 = Success"和"事件 = Failure"的概率，如图 1-2-13 所示。当因变量的类型属于二元（1/0，真/假，是/否）变量时，就应该使用逻辑回归。这里，Y 的值为 0 或 1，它可以用下面的方程表示。

$$odds = p/(1-p) = \text{probability of event occurrence / probability of not event occurrence}$$
$$\ln(odds) = \ln(p/(1-p))$$
$$logit(p) = \ln(p/(1-p)) = b_0+b_1 X_1+b_2 X_2+b_3 X_3 \dots +b_k X_k$$

上述式子中，p 表述具有某个特征的概率。那么会有这样一个问题："我们为什么要在公式中使用对数 log 呢？"

因为在这里使用的是二项分布（因变量），需要选择一个对于这个分布最佳的联结函数，它就是 Logit 函数。在上述方程中，通过观测样本的极大似然估计值来选择参数，而不是最小化平方和误差（如在普通回归使用的）。

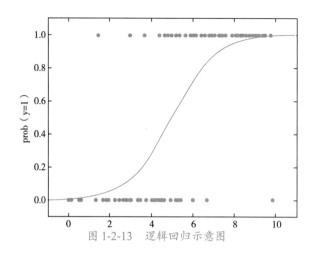

图 1-2-13　逻辑回归示意图

逻辑回归广泛地用于分类问题，其要点在于：第一，逻辑回归不要求自变量和因变量是线性关系，它可以处理各种类型的关系，因为它对预测的相对风险指数 OR 使用了一个非线性的 log 转换；第二，为了避免过拟合和欠拟合，应该包括所有重要的变量，有一个很好的方法来确保这种情况，就是使用逐步筛选方法来估计逻辑回归；第三，它需要大的样本量，因为在样本数量较少的情况下，极大似然估计的效果比普通的最小二乘法差；第四，自变量是不应该相互关联的，即不具有多重共线性；第五，如果因变量的值是定序变量，则称它为序逻辑回归；第六，如果因变量是多类，则称它为多元逻辑回归。

（3）多项式回归

多项式回归（Polynomial Regression）就是回归方程中自变量的指数大于 1。方程所示：$y = a + bx^2$

在这种回归技术中，最佳拟合线不是直线，而是一个用于拟合数据点的曲线，如图 1-2-14 所示。

（4）逐步回归

逐步回归（Stepwise Regression），在处理多个自变量时，可以使用这种形式的回归。在这种技术中，自变量的选择是在一个自动的过程中完成的，其中包括非人为操作。

逐步回归是通过观察统计的值，如 R-square、t-stats 和 AIC 指标，来识别重要的变量。逐步回归通过同时添加 / 删除基于指定标准的协变量来拟合模型。

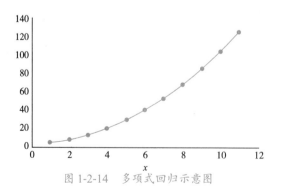

图 1-2-14　多项式回归示意图

最常用的逐步回归方法包括：

标准逐步回归法做两件事情，即增加和删除每个步骤所需的预测。

向前选择法从模型中最显著的预测开始，然后为每一步添加变量。

向后剔除法与模型的所有预测同时开始，然后在每一步消除最小显著性的变量。

这种建模技术的目的是使用最少的预测变量数来最大化预测能力，这也是处理高维数据集的方法之一。

（5）岭回归

当数据之间存在多重共线性（自变量高度相关）时，就需要使用岭回归分析（Ridge Regression）。在存在多重共线性时，尽管最小二乘法（OLS）测得的估计值不存在偏差，它们的方差也会很大，从而使得观测值与真实值相差甚远。岭回归通过给回归估计值添加一个偏差值来降低标准误差。

在线性等式中，预测误差可以划分为 2 个分量，一个是偏差造成的，一个是方差造成的。预测误差可能会由这两者或两者中的任何一个造成。在这里，将讨论由方差所造成的误差。

岭回归通过收缩参数 λ 解决多重共线性问题。请看下面的等式：

$$\underset{\beta \in \mathbb{R}^p}{=\mathrm{argmin}}\ \underbrace{\|y - X\beta\|_2^2}_{\text{Loss}} + \underbrace{\lambda\|\beta\|_2^2}_{\text{Penalty}}$$

这个公式有两个组成部分，第一个是最小二乘项，另一个是 β^2 的 λ 倍，其中 β 是相关系数。为了收缩参数把它添加到最小二乘项中以得到一个非常低的方差。

3. 常用的回归模型

常用的回归模型见表 1-2-3。

表 1-2-3　常用的回归模型

回归模型名称	适用条件	算法描述
线性回归	因变量与自变量是线性关系	对一个或多个自变量和因变量之间的线性关系进行建模，可用最小二乘法求解模型系数
非线性回归	因变量与自变量之间不都是线性关系	对一个或多个自变量和因变量之间的非线性关系进行建模。如果非线性关系可以通过简单的函数变换转化为线性关系，用线性回归的思想求解；如果不能转化，则用非线性最小二乘法求解
逻辑回归	因变量一般有 1 和 0（是和否）两种取值	是广义线性回归模型的特例，利用 Logistic 函数将因变量的取值范围控制在 0~1 之间，表示取值为 1 的概率
岭回归	参与建模的自变量之间具有多重共线性	是一种改进最小二乘估计的方法
主成分回归	参与建模的自变量之间具有多重共线性	主成分回归是根据主成分分析的思想提出来的，是对最小二乘法的一种改进，它是参数估计的一种有偏估计，可以消除自变量之间的多重共线性

4. 回归分析的基本步骤

回归分析是处理变量之间相关关系的一种数学方法，其解决问题的大致步骤如下所示。

第一步，收集一组包含因变量和自变量的数据；

第二步，选定因变量和自变量之间的模型，即一个数学式子，利用数据按照一定准则（如最小二乘法）计算模型中的系数；

第三步，利用统计分析方法，对不同的模型进行比较，找出效果最好的模型；

第四步，判断得到的模型是否适合于这组数据；

第五步，利用模型对因变量作出预测或者解释。

2.2.6 贝叶斯网络

1. 贝叶斯网络的含义

贝叶斯网络（Bayesian Network）又称信念网络（Belief Network）或有向无环图模型（Directed Acyclic Graphical Model），是一种概率图模型，于 1985 年由 Judea Pearl 首先提出。它是一种模拟人类推理过程中因果关系的不确定性处理模型，其网络拓扑结构是一个有向无环图（DAG）。

二维码 1-2-5　从朴素贝叶斯到贝叶斯网络

贝叶斯网络的有向无环图中的节点表示随机变量 $\{X_1, X_2, \cdots, X_n\}$，它们可以是可观察到的变量或隐变量、未知参数等。认为有因果关系（或非条件独立）的变量或命题则用箭头来连接（换言之，连接两个节点的箭头代表这两个随机变量具有因果关系或非条件独立）。若两个节点间以一个单箭头连接在一起，则表示其中一个节点是"因（parents）"，另一个是"果（children）"，两节点就会产生一个条件概率值。

例如，假设节点 E 直接影响到节点 H，即 E→H，则用从 E 指向 H 的箭头建立节点 E 到结点 H 的有向弧（E, H），权值（即连接强度）用条件概率 P（H|E）来表示，如图 1-2-15 所示。

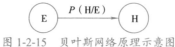

图 1-2-15　贝叶斯网络原理示意图

简言之，把某个研究系统中涉及的随机变量，根据是否条件独立绘制在一个有向图中就形成了贝叶斯网络。其主要用来描述随机变量之间的条件依赖，用圈表示随机变量（random variables），用箭头表示条件依赖（conditional dependencies）。

2. 贝叶斯网络的应用价值

在日常生活中，人们往往进行常识推理，而这种推理通常是不准确的。例如，你看见一个头发潮湿的人走进来，你认为外面下雨了，那你也许错了；如果你在公园里看到一男一女带着一个小孩，你认为他们是一家人，你可能也犯了错误。在工程中，也同样需要进行科学合理的推理。但是，工程中的实际问题一般都比较复杂，而且存在着许多不确定性因素。这就给准确推理带来了很大的困难。很早以前，不确定性推理就是人工智能的一个重要研究领域。尽管许多人工智能领域的研究人员引入其他非概率原理，但是他们也认为在常识推理的基础上构建和使用概率方法也是可能的。为了提高推理的准确性，人们引入了概率理论。最早由 Judea Pearl 提出的贝叶斯网络实质上就是一种基于概率的不确定性推理网络。它是用来表示变量集合连接概率的图形模型，提供了一种表示因果信息的方法。当时主要用于处理人工智能中的不确定性信息。随后它逐步成为处理不确定性信息技术的主流，并且在计算机智能科学、工业控制、医疗诊断等领域的许多智能化系统中得到了重要的应用。

贝叶斯理论是处理不确定性信息的重要工具。作为一种基于概率的不确定性推理方法，贝叶斯网络在处理不确定信息的智能化系统中已得到了重要的应用，已成功地用于医疗诊断、统计决策、专家系统、学习预测等领域。这些成功的应用，充分体现了贝叶斯网络技术是一种强有力的不确定性推理方法。

3. 贝叶斯网络的特点

（1）贝叶斯网络本身是一种不确定性因果关联模型

贝叶斯网络与其他决策模型不同，它本身是将多元知识图解可视化的一种概率知识表达与推理模型，更为贴切地蕴含了网络节点变量之间的因果关系及条件相关关系。

（2）贝叶斯网络具有强大的不确定性问题处理能力

贝叶斯网络用条件概率表达各个信息要素之间的相关关系，能在有限的、不完整的、不确定的信息条件下进行学习和推理。它可以利用新的证据推翻先前的推理；可以在数据不完整的情况下进行推理，亦即无须为所有的输入变量提供证据就可以进行推理，而经典的统计预测模型通常要求完整地输入数据；可以结合多种不同类型的数据，例如，主观经验数据或者客观数据。

（3）贝叶斯网络能有效地进行多源信息表达与融合

贝叶斯网络可将故障诊断与维修决策相关的各种信息纳入网络结构中，按节点的方式统一进行处理，能有效地按信息的相关关系进行融合。

（4）贝叶斯网络可以非常直观地显示事件（节点）间的因果关系

经典统计学里，预测模型通常基于数据驱动的方法，例如，常用的回归算法通常采用大量的历史数据去建立独立和非独立变量的数学模型。这种方法无法融合专家的经验知识，也无法揭示变量之间的因果关系，而实际中很多情况下无法获得足够的数据去建立模型，贝叶斯网络很好地克服了这些缺陷，在数据不足的情况下，可以依靠专家知识建模。

（5）贝叶斯网络可以进行双向推理

贝叶斯网络既可以从原因推理结果，也可以从结果推理原因。当证据被提供到任何一个变量时，贝叶斯网络能够更新模型中所有其他变量的概率。因此，当输入一个证据到结果变量的时候，贝叶斯网络模型将进行反向概率繁殖，推理出原因变量的概率。这样的反向推理能力是其他经典概率推理方法不能做到的。

（6）贝叶斯网络模型中所有的节点都可见

不像神经网络、经典回归模型等，只有输入输出节点可见，中间节点变量是隐藏的，贝叶斯网络模型中所有的节点都可见。

4. 贝叶斯网络的算法模型

贝叶斯网络推理研究中提出了多种近似推理算法，主要分为两大类：基于仿真方法和基于搜索的方法。就一个实例而言，首先要分析使用哪种算法模型。

1）如果该实例节点信度网络是简单的有向图结构，它的节点数目少的情况下，采用贝叶斯网络的精确推理，它包含多树传播算法、团树传播算法、图约减算法，可针对实例事件选择恰当的算法；

2）如果该实例所画出的节点图形结构复杂且节点数目多，可采用近似推理算法去研究，最好能把复杂庞大的网络先进行化简，然后再与精确推理相结合来考虑。

5. 应用举例：拼写检查

在用户不小心输入一个不存在的单词时，搜索引擎会提示是不是要输入某一个正确的单词，这就是拼写检查。Google 的拼写检查基于贝叶斯方法，例如，当用户在 Google 中输入"Julw"时，系统会猜测你的意图：是不是要搜索"July"，如图 1-2-16 所示。

图 1-2-16 Google 的拼写检查示例

当用户输入一个单词时，可能拼写正确，也可能拼写错误。如果把拼写正确的情况记做 c（代表 correct），拼写错误的情况记做 w（代表 wrong），那么"拼写检查"要做的事情就是在发生 w 的情况下，试图推断出 c。换言之：已知 w，然后在若干个备选方案中，找出可能性较大的那个 c，也就是求的较大值。

而根据贝叶斯定理，有：$P(c|w)=P(w|c)*P(c)/P(w)$。由于对于所有备选的 c 来说，对应的都是同一个 w，所以它们的 $P(w)$ 是相同的，因此只要较大化 $P(w|c)*P(c)$ 即可。

其中：$P(c)$ 表示某个正确的词的出现"概率"，它可以用"频率"代替。如果有一个足够大的文本库，那么这个文本库中每个单词的出现频率就相当于它的发生概率。某个词的出现频率越高，$P(c)$ 就越大。比如，在输入一个错误的词"Julw"时，系统更倾向于去猜测你可能想输入的词是"July"，而不是"Jult"，因为"July"更常见。

$P(w|c)$ 表示在试图拼写 c 的情况下，出现拼写错误 w 的概率。为了简化问题，假定两个单词在字形上越接近，就越有可能拼错，$P(w|c)$ 就越大。举例来说，相差一个字母的拼法，就比相差两个字母的拼法，发生概率更高。用户想拼写单词 July，那么错误拼成 Julw（相差一个字母）的可能性就比拼成 Jullw 高（相差两个字母）。所以，比较所有拼写相近的词在文本库中的出现频率，再从中选择出现频率较高的一个，即是用户最想输入的那个词。

工具篇

第 3 章

数据挖掘平台 PMT

早期的数据挖掘工具采用命令行界面，用户很难对数据进行交互式分析，而且文本格式的输出也不够直观。通过融合统计学、机器学习、数据可视化以及知识工程等研究领域的最新成果，数据挖掘工具在数据探索和模型推断等方面发展迅猛，涌现出众多优秀的数据挖掘工具。比较常见的数据挖掘工具有：RapidMiner（也叫 YALE，Yet Another Learning Environment）、KNIME（Konstanz Information Miner）、WEKA（Waikato Environment for Knowledge Analysis）、MATLAB、SAS Enterprise Miner 等。

PMT 是当今比较优秀的数据挖掘工具之一，它采用可视化编程的设计思路（即用图形化的方法来建立整个挖掘流程），集成数据处理、建模、评估等一整套功能，更适合缺乏计算机科学知识的用户。

3.1　PMT概述

PMT（Python Mining Tool）是一款基于 Python 语言开发的数据挖掘分析工具，具有适合不同用户群体的多层架构，从无经验的数据挖掘初学者到喜欢通过其脚本界面访问该工具的程序员都将会有一个良好的使用体验。

二维码 2-3-1　工具官方说明文档

PMT 封装了机器学习、数据预处理和数据可视化等算法，目标是以一种最为简约的方式来解决具体业务场景中的问题，该工具的重点在于数据分析与挖掘，例如，安装库中的机器学习算法包含梯度下降法、朴素贝叶斯分类器、k 近邻、决策树、随机森林、CN2 规则、支持向量机（Support Vector Machine，SVM）、神经网络、AdaBoost、线性回归和逻辑回归等。同时，将实现不同功能的算法封装在组件（节点）中，以方便用户的调用，并专注于业务分析。用户可以随时调用封装于组件（节点）之中的机器学习方法，用于不同场景下的建模，并且可以纵向比较不同参数下模型的优劣。朴素贝叶斯分类器、逻辑回归和支持向量机可以通过列线图来探索数据特征的重要性及其价值，也可以用来解释模型的预测。无监督的方法，如关联规则、PCA、SVD 和不同类型的聚类方法（K-means 和层次聚类等）都可以采用合适的可视化方法来进行探测。

PMT 提供了丰富的可视化方法集合，除了常见的可视化（如箱线图、分布图和散点图等）方法外，还包含许多多元可视化展现方式，如热图、马赛克图、滤网图、线图、框图和一些数据投影技术，如多维度交互分析图、主成分分析图、线性投影图、剪影图等。用户可以交互式地实现不同的可视化方式，或将它们连接到可接收可视化数据的其他小组件。PMT 还可以帮助用户发现具有洞察力的可视化效果，可自动将其按规则排列，或者将它们组织成一个可视化的网络。PMT 还包含强大的地图可视化组件，兼具交互性和灵活性。

3.1.1　PMT 提供的数据探索方法

数据探索是数据分析与挖掘领域中的基础性工作，用于观测原始数据中存在的规律以及难以估量的信息。PMT 中提供了多种方法来实现探索性数据分析，并封装于不同组件，如 "Data" 区域中的数据表格等组件，"Visualize" 区域中的 "box plot"、分布图、散点图、滤网图、马赛克图、线性投影图、热图、维恩图、剪影图、列线图、地图等组件。

1. 数据表格

数据表格位于 "Data" 区域（见图 2-3-1），用途是查看数据表格中的数据集详情。换而言之，就是在其输入端口接收一个或多个数据集并以电子表格的形式来呈现。数据实例可以按不同属性实现不同方式的排序（如降序和升序）。该组件还支持手动选择数据实例，并将其输出到下一个组件，如图 2-3-2 所示。

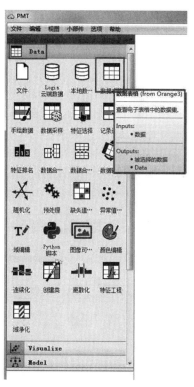

图 2-3-1　"数据表格"示意图

	地区	用时	年龄	婚姻	住址
1	2.000	13.000	44.000	1	9.000
2	3.000	11.000	33.000	1	7.000
3	3.000	68.000	52.000	1	24.000
4	2.000	33.000	33.000	0	12.000
5	2.000	23.000	30.000	1	9.000
6	2.000	41.000	39.000	0	17.000
7	3.000	45.000	22.000	1	2.000
8	2.000	38.000	35.000	0	5.000
9	3.000	45.000	59.000	1	7.000
10	1.000	68.000	41.000	1	21.000
11	2.000	5.000	33.000	0	10.000
12	3.000	7.000	35.000	0	14.000
13	1.000	41.000	38.000	1	8.000
14	2.000	57.000	54.000	1	30.000
15	2.000	9.000	46.000	0	3.000
16	1.000	29.000	38.000	1	12.000
17	3.000	60.000	57.000	0	38.000
18	3.000	34.000	48.000	0	3.000
19	2.000	1.000	24.000	1	3.000
20	1.000	26.000	29.000	1	3.000

数据简要
1000 个实例
42 特征变量（5.2% 缺失值）
无目标变量
无 元特征

变量
☑ 显示变量标签（如果存在）
☐ 按数值大小标记
☑ 按实例类标记颜色

选择
☑ 选择所有记录

初始化命令

☑ 自动发送

图 2-3-2　"数据表格"对话框

图 2-3-2 的数据表格中显示了数据的简要情况，如有 1000 条数据、42 个特征变量等，数据表格也显示了每一条数据的具体数值等详细情况。

2. box plot

位于"Visualize"区域的"box plot"组件，用于显示属性值的分布情况。使用这个组件来观测新数据是一个很好的方式，它可以快速发现数据中存在的异常，例如重复值、异常值等，如图 2-3-3 所示。

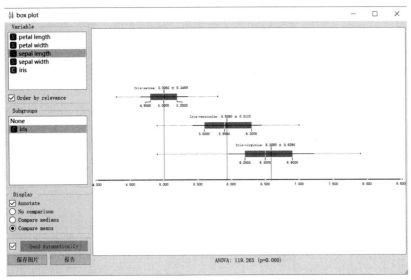

图 2-3-3 "box plot"的示例图

3. 分布图

位于"Visualize"区域的"分布图"组件，用于显示离散型或连续型属性特征的值分布情况。如果数据包含一个类变量，则分布可以该类变量为条件，其属性值作为选项，来呈现不同的数据分布状态。对于离散型属性，图表中可显示出每个属性值出现在数据中的频数分布状况。如果数据包含类变量，则将显示其每个属性值的类分布，如图 2-3-4 所示。

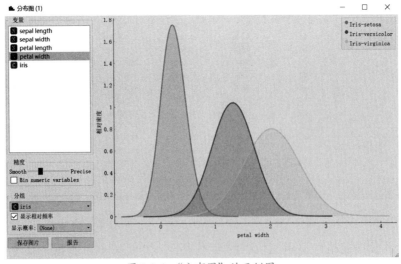

图 2-3-4 "分布图"的示例图

4. 散点图

位于 "Visualize" 区域的 "散点图" 组件为连续型属性和离散型属性提供二维散点图可视化。数据集显示为点的集合,每个点都具有确定的横轴位置(X 轴)及纵轴位置(Y 轴)的属性特征。图形中的各种参数配置,如散点颜色、大小和形状,轴标题和抖动幅度等,都可以在该组件对话框的左侧进行调整,如图 2-3-5 所示。

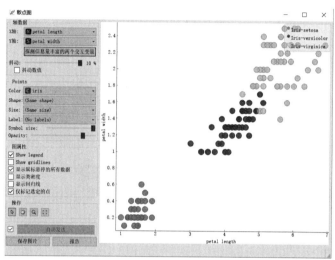

图 2-3-5 "散点图" 的示例图

5. 滤网图

位于 "Visualize" 区域的 "滤网图" 组件,用于在双向列联表中,运用频率可视化的图形方法,并将其与独立假设下的预期频率进行比较。在滤网图中,每个矩形的面积与预期频率成比例,而观察到的频率由每个矩形中的网格数来显示。观察频率和预期频率之间的差异(与标准 Pearson 残差成比例)显示为阴影的密度,采用不同的颜色来显示与独立性分布的偏差是正(蓝色)还是负(红色),如图 2-3-6 所示。

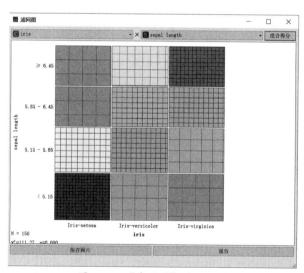

图 2-3-6 "滤网图" 的示例图

6. 马赛克图

位于 "Visualize" 区域的 "马赛克图" 组件，用于双向频率表或列联表（交叉表）的图形展现。它用于对来自两个或多个定性或定量变量的数据进行可视化，为用户提供了更有效的识别不同变量之间关系的手段，如图 2-3-7 所示。

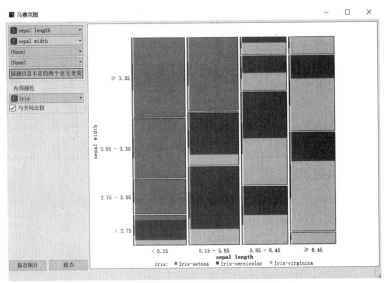

图 2-3-7 "马赛克图" 的示例图

7. 线性投影图

位于 "Visualize" 区域的 "线性投影图" 组件，用于显示类标签数据的线性投影。该可视化方式支持多种类型的投影，如圆形、线性判别分析、主成分分析、自定义投影等，如图 2-3-8 所示。

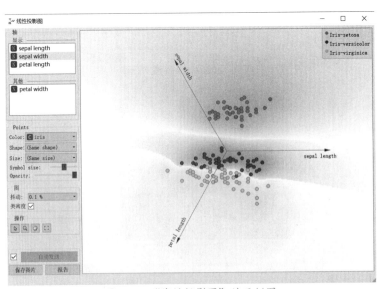

图 2-3-8 "线性投影图" 的示例图

8. 热图

位于"Visualize"区域的"热图"组件，是一种在双向矩阵中按类变量可视化属性值的图形方法。该可视化方式只适用于包含连续变量的数据集。值由颜色表示——某个值越高，代表的颜色越深。通过组合 x 轴和 y 轴上的类变量和其他属性，可以看到属性值最强和最弱的位置，从而帮助用户找到每个类的典型特征（离散）或值范围（连续），如图 2-3-9 所示。

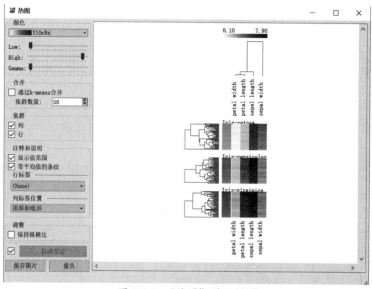

图 2-3-9　"热图"的示例图

9. 维恩图

位于"Visualize"区域的"维恩图"组件，用于显示数据集之间的逻辑关系。该可视化方式用不同颜色的圆圈来表示两个或多个数据集。交叉点是属于多个数据集的子集。要进一步分析或可视化子集，单击交叉区域即可，如图 2-3-10 所示。

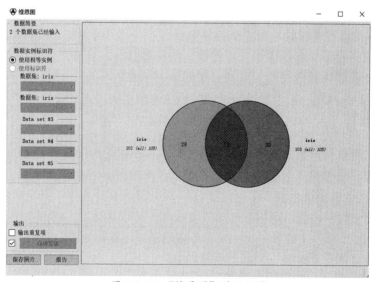

图 2-3-10　"维恩图"的示例图

10. 剪影图

位于"Visualize"区域的"剪影图"组件，提供了数据集群内一致性的图形表示，并为用户提供了直观地评估集群质量的方法。轮廓系数是一种衡量对象与其他集群相比与自身集群的相似程度的指标，对于创建剪影图至关重要。轮廓系数接近 1 表示数据实例接近集群中心，而轮廓系数接近 0 表示数据实例位于两个集群之间的边界上，如图 2-3-11 所示。

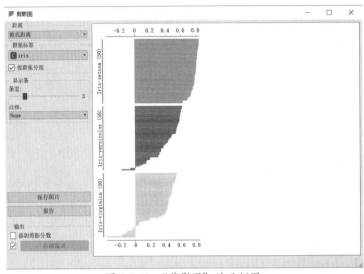

图 2-3-11　"剪影图"的示例图

11. 列线图

位于"Visualize"区域的"列线图"组件，适用于对一些分类器（朴素贝叶斯分类器和逻辑回归分类器等）的可视呈现。该可视化方式提供了洞察训练数据的结构和属性对类概率影响的方式。除了分类器的可视化之外，该组件还提供了对类概率预测的交互式支持，如图 2-3-12 所示。

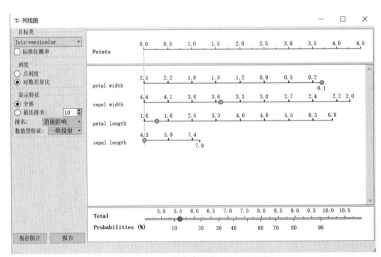

图 2-3-12　"列线图"的示例图

12. 地图

位于"Visualize"区域的"地图"组件，将地理空间数据映射到地图上，并提供了多种丰富的地图可视化方式，如卫星图、路网图、山水图等，它只适用于包含经度和纬度变量的数据集，如图 2-3-13 所示。

图 2-3-13　"地图"的示例图

3.1.2　PMT 提供的数据预处理方法

数据预处理是数据挖掘领域建模阶段前的一项至关重要的基础性工作，包括对缺失值、异常值等噪声的处理，抽取目标变量最为显著的特征，构造更能刻画目标变量的属性特征等。涉及的相关组件包括"Data"区域中的数据采样、特征选择、记录选择、特征排名、数据合并（按记录或特征）、随机化、预处理（集成组件）、缺失值处理、异常值处理、域编辑等。

1. 数据采样

位于"Data"区域的"数据采样"组件，用于从输入数据集中按照条件抽取数据。该组件集成了从输入端口采样数据的多种方法。它输出一个采样数据集和一个未采样数据集（来自输入集的实例不包含在采样数据集中）。用户可以通过改变数据的输出信号来实现特定数据的采样，如图 2-3-14 所示。

2. 特征选择

位于"Data"区域的"特征选择"组件，用于手动选取数据域。用户可以决定使用哪些属性以及如何使用。PMT 区分普通属性、（可选）类属性和元属性。例如，为了构建分类模型，域将由一组离散类属性组成。元属性不用于建模，但可以将它们用作实例标签，如图 2-3-15 所示。

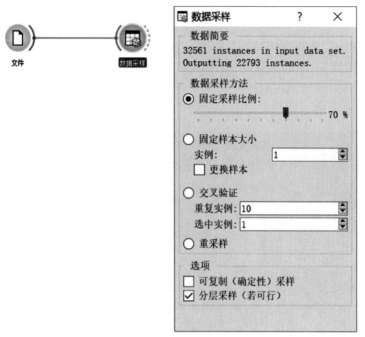

图 2-3-14 "数据采样"的示例图

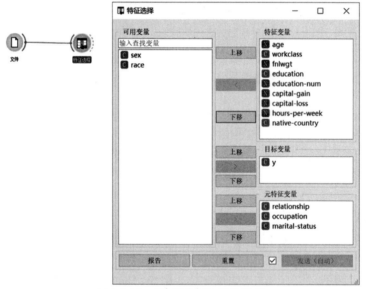

图 2-3-15 "特征选择"的示例图

3. 记录选择

位于"Data"区域的"记录选择"组件，可以根据用户定义的条件，从输入数据集中选择一个子集。匹配选择规则的实例被放置在输出匹配数据通道中。记录选择的标准被表示为一个合并选项的集合，条件选项是从属性列表中选择一个属性。运算符对于离散型、连续型和字符串型属性是不同的，如图 2-3-16 所示。

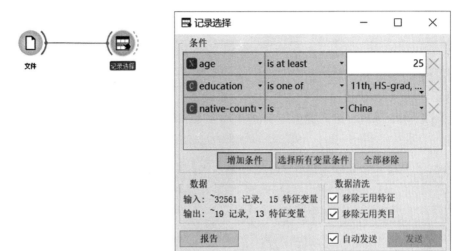

图 2-3-16　"记录选择"的示例图

4. 特征排名

位于"Data"区域的"特征排名"组件，考虑类标记数据集（分类或回归）并根据它们与类的相关性对属性进行评分，如图 2-3-17 所示。

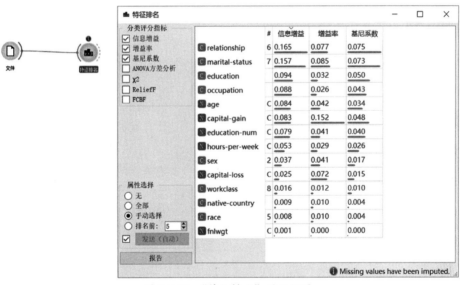

图 2-3-17　"特征排名"的示例图

5. 数据合并（按记录或特征）

位于"Data"区域的"数据合并"组件，用于根据所选属性的值来合并两个数据集。在输入中需要主表数据和附表数据两个数据集，允许从每个数据集中选择属性，这将用于执行合并。该组件对应于来自输入数据的实例，来自输入附表数据的属性被附加到该实例，如图 2-3-18 所示。

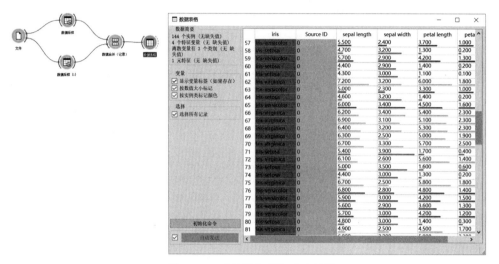

图 2-3-18 "数据合并"的示例图

6. 随机化

位于"Data"区域的"随机化"组件，在输入中接收一个数据集并输出相同的数据集，其中可按类、属性或和元属性随机输出，如图 2-3-19 所示。

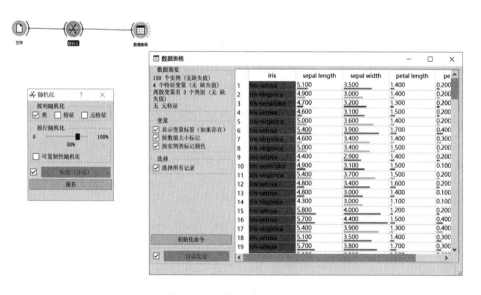

图 2-3-19 "随机化"的示例图

7. 预处理

位于"Data"区域的"预处理"组件，对于获得高质量的分析结果至关重要。"预处理"组件集成了 9 种预处理方法来提高数据质量，用户可以集中实现"连续特征离散化""离散数据连续化""缺失值处理""选择相关性高的特征"或"按条件随机化输出数据"等如图2-3-20 所示。

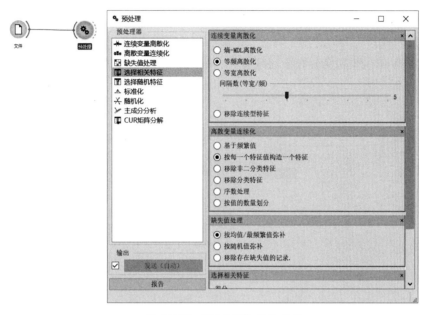

图 2-3-20 "预处理"的示例图

8. 缺失值处理

位于"Data"区域的"缺失值处理"组件是数据挖掘与分析过程中的重要环节,因为一些机器学习的算法和可视化方式不能处理数据中的未知值。该组件可以用数据计算出来的值或用户设定的值代替缺失的值,如图 2-3-21 所示。

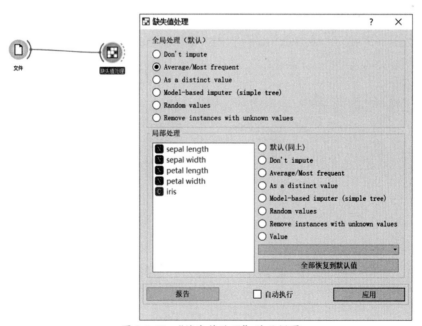

图 2-3-21 "缺失值处理"的示例图

9. 异常值处理

位于 "Data" 区域的 "异常值处理" 组件，集成了两种异常值检测方法。这两种方法都对数据集进行分类，一种是使用 SVM（多核），另一种是协方差估计方法。具有非线性核（RBF）的一类 SVM 在非高斯分布下表现良好，而协方差估计方法仅适用于具有高斯分布的数据，如图 2-3-22 所示。

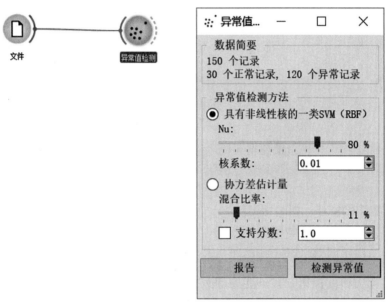

图 2-3-22 "异常值处理" 的示例图

10. 域编辑

位于 "Data" 区域的 "域编辑" 组件，用来编辑或更改数据集，如图 2-3-23 所示。

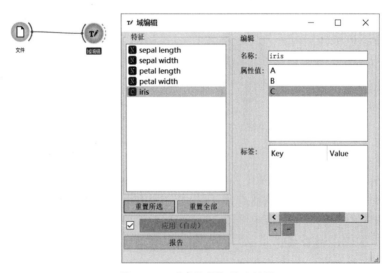

图 2-3-23 "域编辑" 的示例图

3.1.3　PMT 提供的分类回归算法

PMT 提供的分类回归算法集中于 Model 区域中，包括 CN2 规则、k 近邻（kNN）、决策树、随机森林、支持向量机、线性回归、逻辑回归、朴素贝叶斯、AdaBoost、梯度下降、神经网络等，此外还提供了模型保存与模型加载组件，用户可自定义将训练完毕的模型保存至本地，并且可将其部署至 PMT 环境用于预测。

1）CN2 规则算法是一种典型的分类方法，即使在可能存在噪声的数据中，也能有效地归纳简单易懂的形式规则。CN2 规则算法仅适用于分类场景下的问题。

2）k 近邻（kNN），使用该算法搜索特征空间中 k 个最接近的训练样本，并将其平均输出用作最终的预测输出。

3）决策树是一种较为简单的机器学习算法，按照类的纯度将数据分解成不同的分裂节点。PMT 中的决策树算法可以处理离散型和连续型的数据集，也可以用于分类预测和回归预测任务。

4）随机森林是一种用于分类预测、回归预测和其他任务的集成学习方法。随机森林模型构建了一组决策树模型，每棵决策树都是从训练数据的重采样样本中训练而成的。当训练单一决策树模型时，抽取任意属性子集，从中选择分裂数据的最佳属性。模型最终的输出是基于森林中多棵决策树的多数投票结果。随机森林适用于分类预测和回归预测任务。

5）支持向量机是一种利用超平面来分割属性空间，从而最大化不同类或类值的实例之间裕度的机器学习算法。该算法通常产生很高的预测性能结果，适用于分类预测和回归预测任务。

6）线性回归，该组件构造了从其输入数据中学习线性函数的学习器（预测器）。该模型能够识别预测变量 x_i 与响应变量 y 之间的关系。此外，可以指定套索回归（L1）和岭回归（L2）等正则化参数。套索回归使 L1 范数惩罚和 L2 范数惩罚的岭回归正则化的最小二乘损失函数的惩罚版本最小化。线性规则仅适用于回归预测任务。

7）逻辑回归，从数据中建立逻辑回归模型。它只适用于分类预测任务。

8）朴素贝叶斯，从数据中训练一个朴素贝叶斯模型。它只适用于分类预测任务。

9）AdaBoost（Boosting 体系下的一种集成学习算法）是一种迭代算法，其核心思想是针对同一个训练集训练不同的预测器（弱预测器），然后把这些弱预测器集合起来，构成一个更强的最终预测器（强预测器）。AdaBoost 适用于分类预测和回归预测。

10）神经网络，具有反向传播的多层感知器（MLP）算法。神经网络小组件调用 sklearn 库中的多层感知器算法，可以训练非线性模型以及线性模型。

11）梯度下降，该组件使用随机梯度下降算法，利用线性函数最小化所选损失函数。该算法通过一次考虑一个样本来逼近真实的梯度，并且同时基于损失函数的梯度来更新模型。对于回归，它返回预测值作为总和的最小值，即 M- 估计量，特别适用于大规模和稀疏的数据集。

3.1.4　PMT 提供的聚类分析算法

PMT 的聚类分析算法封装于 Unsupervised 模块中，主要包含 K-means 聚类和层次聚类两种算法。

1）K-means 聚类算法是典型的基于原型的目标函数聚类方法的代表，它是数据点到原型的某种距离作为优化的目标函数，利用函数求极值的方法得到迭代运算的调整规则。K-means 聚类算法以欧式距离作为相似度测度，它是求对应某一初始聚类中心向量 V 最优分类，使得评价指标 J 最小。算法采用误差平方和准则函数作为聚类准则函数。

2）层次聚类是另一种主要的聚类方法，它利用生成一系列嵌套的聚类树来完成聚类。单点聚类处在树的最底层，在树的顶层有一个根节点聚类。根节点聚类覆盖了全部的所有数据点。根据距离矩阵计算任意类型对象的分层聚类，并显示相应的树形图。

3.1.5 PMT 提供的关联规则算法

PMT 中关联规则相关功能组件位于 Associate 区域。根据关联规则挖掘过程的两个阶段，Associate 区域由频繁项集、关联规则两个组件组成。主要封装的算法是 FP- 树频集算法，采用分而治之的策略，在经过第一遍扫描之后，把数据集中的频集压缩进一棵频繁模式树（FP-tree），同时依然保留其中的关联信息，随后再将 FP-tree 分化成一些条件库，每个库和一个长度为 1 的频集相关，然后再对这些条件库分别进行挖掘。当原始数据量很大的时候，也可以结合划分的方法，使得一个 FP-tree 可以放入主存中。实验表明，FP- 树频集算法对不同长度的规则都有很好的适应性，同时在效率上较 Apriori 算法有巨大的提升。

1）频繁项集，根据用户设定的最小支持度阈值在数据集中查找频繁项集。

2）关联规则，根据用户设定的最小支持度阈值和最小置信度阈值产生关联规则项集，其中包括前项和后项，以及每一条关联规则对应的性能参数得分。用户可以自定义输出带特定项目的关联规则。

3.2 PMT使用说明

3.2.1 PMT 总体操作流程

用户可以通过选择特定组件的方式来构建相关工作流，以便进行数据分析与挖掘。每个组件封装了特定的功能，例如，数据载入、数据采样、特征选择、建模、训练预测、交叉验证等。PMT 具有的基础强度和灵活性在不同的方面可以将组件组合成新的模式。

组件的开发和设计特别强调数据可视化和交互性。例如，树查看器允许用户单击树中的节点，这样会将属于该节点的数据样本传输到连接到树查看器窗口小组件的任何窗口组件。因此，用户可以构建一棵树，然后通过观察来自相关节点的数据实例的数据表，或者通过为来自树的不同节点的数据绘制散点图来研究其内容。

二维码 2-3-2　PMT 菜单栏使用说明

3.2.2 PMT 数据挖掘任务的操作流程

二维码 2-3-3 PMT 功能模块总体使用说明

PMT 中实施数据挖掘的基本步骤包括商业理解、数据理解、数据准备、训练模型、模型评估、方案实施等，如图 2-3-24 所示。

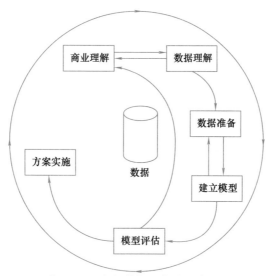

图 2-3-24 数据挖掘任务的操作流程

数据挖掘各阶段的详细内容如下所示。

（1）商业理解

最初的阶段集中在挖掘项目目标和提取业务需求，同时将其映射为数据挖掘领域当中问题的定义和完成目标的初步计划。

①确定业务目标——背景、业务目标、业务成功标准；②评估环境——资源清单、需求、假设、约束、风险和相关费用、术语表、成本和预期收益；③确定数据挖掘目标——数据挖掘目标、数据挖掘成功表征；④产生项目计划——项目计划、工具和技术的初步评价。

（2）数据理解

数据理解阶段是指从初始的数据收集开始，通过一些处理以形成隐含信息的假设，目的是熟悉数据、识别数据的质量问题、首次发现数据的内部属性或是探测引起兴趣的子集。

①数据采集——原始数据采集报告；②数据描述——数据描述报告；③数据探测——数据探测报告。

（3）数据准备

数据准备阶段包括从未处理数据中构造最终数据集的所有活动。这个阶段的任务有可能执行多次，没有任何规定的顺序。任务包括表、记录和属性的选择，以及为模型工具转换和清洗数据。

①数据选择——选择与排除数据的基本原则；②数据清理——数据清洗报告；③数据构建——导出属性和生成记录；④数据集成——合并数据；⑤数据格式化——提供格式化的数据。

（4）训练模型

选择和应用不同的模型算法，模型参数被调整到最佳的数值。有些算法可以解决一类相同的数据挖掘问题，有些算法在数据形成上有特殊要求，因此需要经常跳回到数据准备阶段。

①选择建模算法——建模算法及建模假定；②产生测试设计——测试实验的设计；③建立模型——参数设定、模型、模型描述；④评估模型——模型评价、修改和参数设定。

（5）模型评估

如果已经从数据挖掘的角度建立了高质量的训练模型，在开始部署模型之前，重要的事情是彻底地评估模型，检查构造模型的步骤，确保模型可以完成业务目标。这个阶段的关键目的是确定是否有重要业务问题没有被充分地考虑。在这个阶段结束后，一个数据挖掘结果使用的决定必须达成。

①评价挖掘结果——根据业务成功标准的数据挖掘结果，评价经核准的模型；②回顾过程——过程回顾；③确定下一步——可能的行动清单和决策。

（6）方案实施

通常，模型的建立不是项目的结束。模型的作用是从数据中找到知识，获得的知识需要使用便于用户使用的方式重新组织和展现。根据需求，这个阶段可以产生简单的报告或是实现一个比较复杂的、可重复的数据挖掘过程。在这个阶段，实际上更多地是由客户而不是数据分析人员承担实施的工作。

①设计实施——实施计划；②计划监测、维护——检测和维护计划；③产生最终报告——最终报告和最终表达。

3.3 PMT的特点

1. 交互式数据可视化

PMT使用智能数据可视化方式来执行简单的数据分析，可以用来探索统计分布、箱线图和散点图或者深入研究决策树、层次聚类、关联规则、时间序列、热图、MDS和线性投影等。即使多维数据也可以在二维平面中变得有意义，特别是在属性排名和选择方面。

PMT是一个强大的数据可视化工具，可以帮助用户发现海量数据中隐藏的规律，挖掘数据分析过程中背后的秘密，促进数据科学家和领域专家之间的交流。可视化的组件包括散点图、框图、直方图、树形图、地理地图、轮廓图等特定于模型的可视化图。用户可以从散点图中选择数据点或者树中的一个节点、树状图中的一个分支，任何这样的交互都将指示可视化来发送一个与所选的可视化部分对应的数据子集。图 2-3-25 所示是散点图和分类树的组合，散点图显示所有数据，但突出显示与分类树中所选节点对应的数据子集。

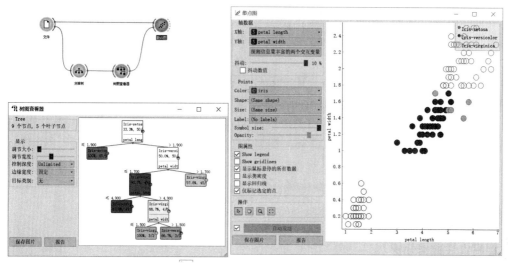

图 2-3-25　PMT 可视化示例（散点图和分类树的组合）

　　PMT 包含许多标准的可视化组件。散点图很好地显示了对属性的相关性的描述，框图可以显示基本的统计信息，热图提供了整个数据集的概览，MDS 可以在两个维度中绘制多项数据的投影图，如图 2-3-26 所示。

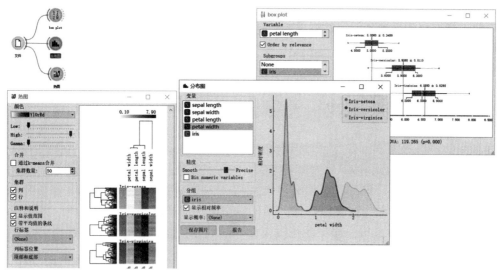

图 2-3-26　PMT 可视化基本组件示例

　　除了基本可视化部分，PMT 还集成了一些高级可视化组件：剪影图等组件可以用于分析聚类的结果；马赛克图和滤网图可以用于发现特征交互特点；毕氏图树和森林可视化可以用于分类树和随机森林，如图 2-3-27 所示。

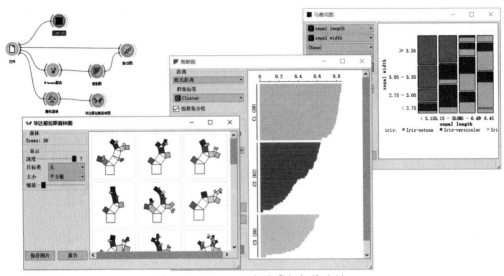

图 2-3-27　PMT 可视化高级组件示例

2. 探索性数据分析

交互式可视化可以用来支持探索性数据分析。用户可以直接从图和数据表中选择有趣的数据子集，并将它们放在下游的小组件中。例如，从分层集群的树状图中选择一个集群，并将其映射到 MDS 图中的二维数据表示，或者检查它们在数据表中的值，或者观察它的特征值在一个方框中的分布。又或者，在数据集上进行交叉验证逻辑回归，并将一些错误分类映射到二维投影。用户即使缺乏相关的统计理论或者机器学习方面的知识，也能轻松地使用该工具进行探索性的数据分析，如图 2-3-28 所示。

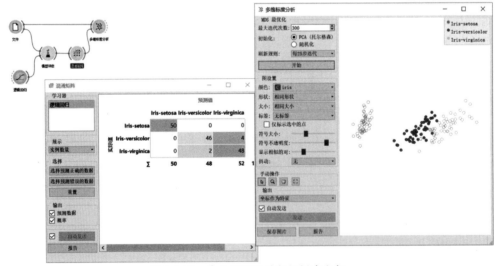

图 2-3-28　基于可视化的数据探索分析

3. 智能可视化

在数据分析与挖掘的过程中可能会面临很多选择，例如，当数据有大量特征时，用户应该在一个散点图中对哪些特征进行可视化才能提供最多的信息量？在 PMT 的散点图中，智能的可视化功能可以很好地解决这个问题。如图 2-3-29 所示，当提供类信息时，散点图可以找到最佳类分离的投影。当原始数据集包含多个特征时，有很多特征需要手动检查，但是只有一些特征组合能产生一个大的散点图，分数图可以找到最优的特征组合。

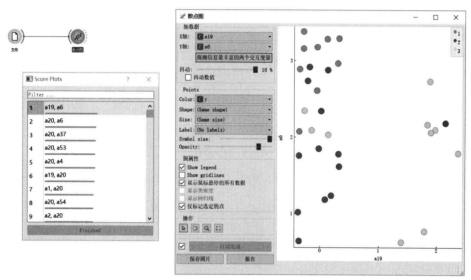

图 2-3-29　PMT 中智能可视化示例

4. 自动形成报告

用户可以通过单击组件中的"报告"按钮将模型中最重要的可视化、统计信息和信息包含到报表中。另外，用户可以从报告中直接访问每个组件的历史工作流。如图 2-3-30 所示，可视化显示了"毕达哥拉斯森林图"的历史工作流。

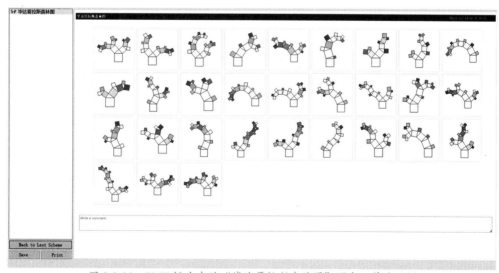

图 2-3-30　PMT 报告中的"毕达哥拉斯森林图"历史工作流示例

5. 基于组件的数据挖掘

在 PMT 中，数据挖掘与分析是通过将组件连接成工作流来实现的。每个组件也称为节点，嵌入了一些数据检索、预处理、可视化、建模或评估任务，如图 2-3-31 所示。在工作流中结合不同的小组件，用户就可以构建全面的数据分析模式。有了大量的小组件库，用户就有了更多选择空间。

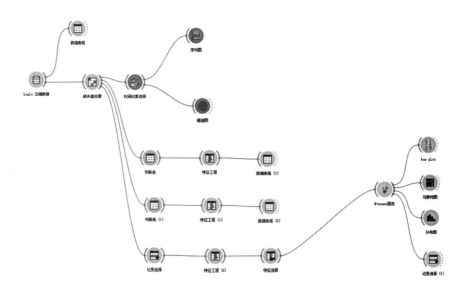

图 2-3-31　PMT 工作流示例

6. 交互式的数据探索

PMT 组件可以实现相互通信。它们可以接收输入的数据，并发送过滤或处理过的数据、模型或小组件在输出上做的任何事情。从一个文件小组件开始，它读取数据并将其输出连接到另一个小组件，数据表格用于实现一个运行的工作流程。若更改一个小组件中的任何参数，此变化将立即通过下游工作流进行传播。在文件小组件中更改一个数据文件将触发所有下游小组件的响应。如果窗口小组件是打开的，则用户可以立即看到数据变化的结果。例如，在一个简单的工作流中，数据表格中的数据选择传播到一个散点图，它标记了所选的数据实例，如图 2-3-32 所示。

通过选择正确的小组件和它们进行连接，可以很容易地为各种各样的数据分析任务构建复杂的工作流。

7. 智能的工作流设计界面

PMT 即使对于初学者也能轻松上手。从"Data"区域中的"文件"组件开始，PMT 将自动显示可以连接到它的下一个组件。例如，PMT 知道在设置了"距离"组件后，用户可能需要"距离矩阵""距离图谱""层次聚类"等组件，如图 2-3-33 所示。即使不了解统计信息、机器学习或探索性数据挖掘，用户也可以利用 PMT 进行简单的分析。

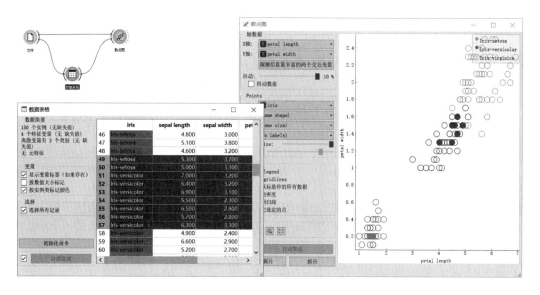

图 2-3-32 PMT 交互式数据探索示例 (基于数据表格和散点图)

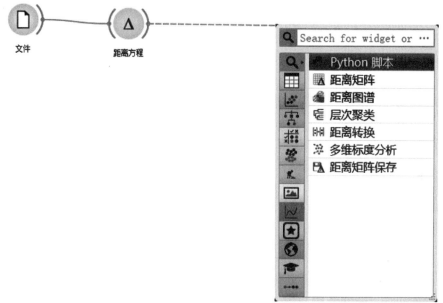

图 2-3-33 PMT 中智能工作流设计示例

二维码 2-3-4 PMT 各功能节点使用说明

第 4 章

数据挖掘认知实验

4.1　分类预测认知实验

PMT 中封装、集成了大量有关分类预测的机器学习算法，用户可直接通过组件调用的形式构建工作流来实现模型训练。其中只适合构建分类预测的组件有 CN2 规则、逻辑回归、朴素贝叶斯等，分类预测、回归预测皆适用的组件有决策树、随机森林、支持向量机、神经网络、AdaBoost 等。

4.1.1　实验目的

了解分类预测的应用范畴，掌握分类预测的算法原理，熟悉数据挖掘工具 PMT 中分类预测建模的界面操作，能够完成一些基本的分类预测实验。

4.1.2　实验准备

1. 数据要求

采用不同的算法构建分类预测模型对数据字段类型的要求存在比较大的差异。例如，决策树算法在一些非线性的场景中同时可以接受数值型和离散型特征字段。构建分类预测模型时，目标变量必须为离散型变量，而特征变量同时可以接受数值型和离散型字段。

2. 数据载入

PMT 中支持多种数据载入方式。通过文件组件可加载本地数据，数据类型支持大多数主流类型；通过 Logis 云端数据远程加载服务器数据；用户也可以构建本地数据库来实现数据传输，目前 PMT 中集成了 PostgreSQL 数据库。

3. 算法掌握

了解 PMT 中常见的几种分类预测算法。

4.1.3　实验内容

二维码 2-4-1　分类预测认知实验操作演示视频

本实验数据采用本软件已经集成的经典鸢尾花数据（iris），算法部分选取决策树及神经网络算法构建预测模型，以方便两个模型的性能对比。本实验的整体工作流，如图 2-4-1 所示。

其中，"文件"组件位于"Data"区域中，"决策树"及"神经网络"组件位于"Model"区域中，"模型评估"及"预测"组件位于"Evaluate"区域中。

1. 数据的导入与观测

"文件"组件用于加载本地数据，如图 2-4-2 所示，选择本软件已经集成的 iris.tab，即可导入鸢尾花数据，数据的基本信息也自然显示。

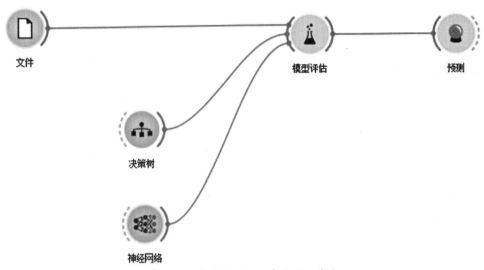

图 2-4-1　分类预测认知实验的工作流

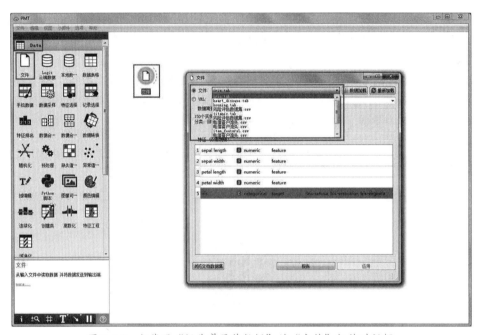

图 2-4-2　加载了"经典鸢尾花数据"的"文件"组件对话框

2. 算法选择与设置

分类预测属于有监督问题，用户需要定义好目标特征变量，可通过双击图 2-4-2 所示对话框的相关区域来实现编辑。算法的参数暂且使用默认设置，如图 2-4-3 所示。

3. 模型评估

模型评估组件用于观测训练模型的性能，本实验中由于数据体量较小，可采用"10 折交叉检验法"进行训练，各训练模型性能参数如图 2-4-4 所示。

图 2-4-3　"决策树"及"神经网络"对话框

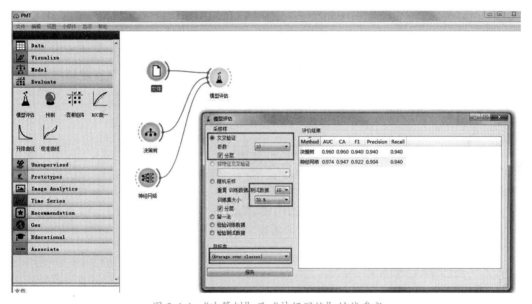

图 2-4-4　"决策树"及"神经网络"性能参数

从整体上看，神经网络模型的 AUC 值稍大于决策树模型，具有较强的泛化性能，而决策树模型的准确度（CA）、调和平均值（F1）、精度（Precision）皆强于神经网络模型，具有较高的预测精度。

4. 预测与评估

用户可通过"预测"组件观察两种不同模型的预测拟合值与真实值的分布情况，如图 2-4-5 所示。基于决策树模型的预测值相对神经网络模型的预测值而言，精度相对较高。

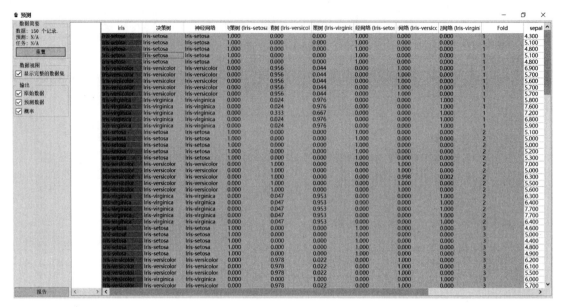

图 2-4-5 预测值与真实值的比较

4.1.4 实验报告

本实验构建了以神经网络与决策树算法为基础的鸢尾花（iris）的分类预测模型，由于数据体量较小，采用"10 折交叉检验法"进行模型训练，通过比较两种不同预测模型的各种参数性能可以发现，神经网络模型相较决策树模型具有较好的泛化性能，然而模型训练时间成本较高，预测准确度、精度及调和平均值皆逊于决策树模型。

二维码 2-4-2 分类预测认知实验操作流程图

4.2 回归预测认知实验

PMT 中封装、集成了大量有关回归预测的机器学习算法，用户可直接通过组件调用的形式构建工作流来实现模型训练。其中只适合构建回归预测的组件有线性回归，分类预测、回归预测皆适用的组件有决策树、随机森林、支持向量机、神经网络、AdaBoost 等。

4.2.1 实验目的

了解回归预测的应用范畴，掌握回归预测的算法原理，熟悉数据挖掘工具 PMT 中回归预测建模的界面操作，能够完成一些基本的回归预测实验。

4.2.2　实验准备

1. 数据要求

采用不同的算法构建回归预测模型对数据字段类型的要求存在比较大的差异。例如，构建回归预测模型时，线性回归算法要求字段类型全部为数值型，而决策树及神经网络算法等在一些非线性的场景中同时可以接受数值型和离散型特征字段。

2. 数据载入

PMT 中支持多种数据载入方式。通过文件组件可加载本地数据，数据类型支持大多数主流类型；通过 Logis 云端数据远程加载服务器数据；用户也可以构建本地数据库来实现数据传输，目前 PMT 中集成了 PostgreSQL 数据库。

3. 算法掌握

了解 PMT 中常见的回归预测算法。

4.2.3　实验内容

二维码 2-4-3　回归预测认知实验操作演示视频

本实验数据采用经典的房屋价格预测数据（housing），算法部分选用"线性回归"以及"随机森林"算法来构建预测模型，该实验的整体工作流如图 2-4-6 所示。

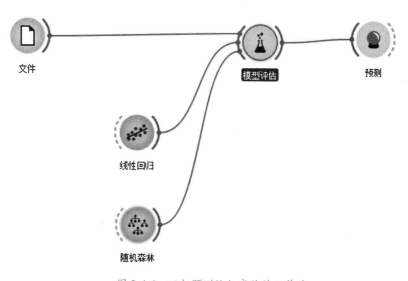

图 2-4-6　回归预测认知实验的工作流

其中，"文件"组件位于"Data"区域中，"线性回归"及"随机森林"组件位于"Model"区域中，"模型评估"及"预测"组件位于"Evaluate"区域中。

1. 数据的导入与观测

通过"文件"组件加载"房屋价格预测数据"（housing），该数据已经集成于软件内部，数据的基本情况如图 2-4-7 所示。

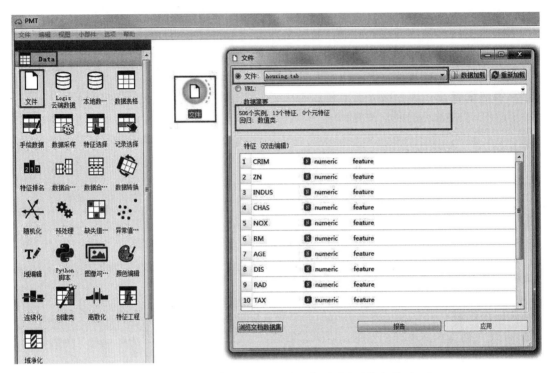

图 2-4-7　加载了"房屋价格预测数据"的"文件"组件对话框

2. 算法的选择与设置

模型的参数暂且使用默认设置，对于线性回归算法，为了降低过拟合的风险，引入正则化选项，如图 2-4-8 所示。

3. 模型评估

模型评估组件用于观测训练模型的性能，本实验中由于数据体量较小，可采用"10 折交叉检验法"进行训练，各训练模型性能参数如图 2-4-9 所示。

从整体上观察，随机森林模型的拟合性以及均方根误差等较线性回归模型都具有较大的优越性。

图 2-4-8 "线性回归"和"随机森林"对话框

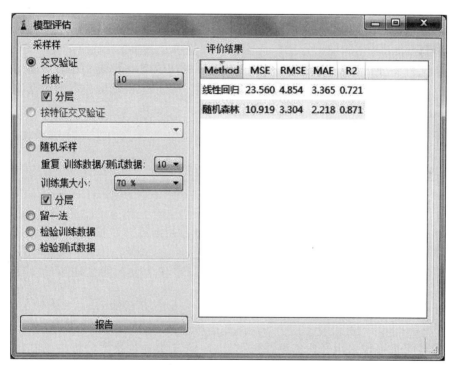

图 2-4-9 "线性回归"和"随机森林"性能参数

4.2.4 实验报告

本实验构建了以线性回归与随机森林为基础的基于房屋价格预测数据的回归预测模型,由于数据体量较小,采用"10 折交叉检验法"进行模型训练,通过比较两种不同预测模型的各种参数性能可以发现,随机森林模型的优势明显。然而随机森林模型内部较为复杂,训练时间成本较大,对机器的性能要求高。因此,具体场景中如何选用需要进一步商榷。

二维码 2-4-4　回归预测认知实验操作流程图

4.3　聚类分析认知实验

4.3.1　实验目的

了解聚类分析的应用场景，掌握几种经典聚类算法，熟悉数据挖掘分析工具 PMT 的聚类分析操作流程，并能够实现一些基本的实验操作。

4.3.2　实验准备

1. 数据要求
聚类分析的数据必须是数值型的才可做进一步分析。

2. 数据载入
PMT 中支持多种数据载入方式。通过文件组件可加载本地数据，数据类型支持大多数主流类型；通过 Logis 云端数据远程加载服务器数据；用户也可以构建本地数据库来实现数据传输，目前 PMT 中集成了 PostgreSQL 数据库。

3. 算法掌握
了解 PMT 中常见的聚类分析算法。

4.3.3　实验内容

二维码 2-4-5　聚类分析认知实验操作演示视频

本实验数据进一步采用经典鸢尾花数据（iris），希望通过聚类分析将不同品种的鸢尾花区分开来。由于聚类分析属于无监督学习的范畴，数据中不应当存在目标字段，可通过"特征选择"组件将其过滤，聚类算法选用经典的 K-means 算法进行模型训练，为了观测聚类效果，引入箱线图与散点图等可视化方式，整体的工作流如图 2-4-10 所示。

其中，"文件"组件与"特征选择"组件位于"Data"区域中，"K-means 聚类"组件位于"Unsupervised"区域中，"box plot"组件与散点图组件位于"Visualize"区域中。

1. 数据的导入与观测
类似于图 2-4-2 所示，选择本软件已经集成的 iris.tab，即可导入鸢尾花数据，数据的基本信息也自然显示。

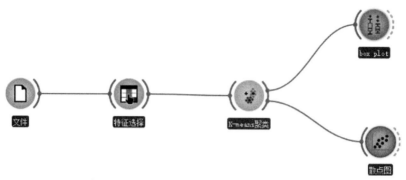

图 2-4-10　聚类分析认知实验的工作流

2. 特征选择

通过"特征选择"来实现特征过滤，其对话框如图 2-4-11 所示。

3. 算法的设置

K-means 算法在训练模型时需要指定聚类簇的数量，具体配置如图 2-4-12 所示。

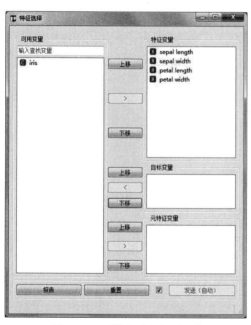

图 2-4-11　"特征选择"对话框

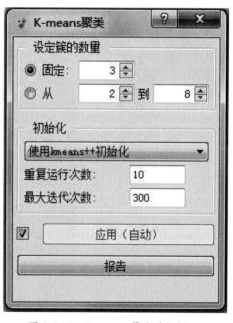

图 2-4-12　K-means 算法对话框

4. 聚类模型的可视化（基于箱线图）

待模型训练完毕，用户可采用可视化的方式更为直观地观测聚类模型的性能，从统计学的角度，希望聚类模型中组内间距尽可能地小，组间的间距尽可能地大，箱线图能从量化数据的角度实现定量的描述，如图 2-4-13 所示。

5. 聚类模型的可视化（基于散点图）

散点图能从空间分布的角度更为直观地观测聚类模型的分布状态，如图 2-4-14 所示。

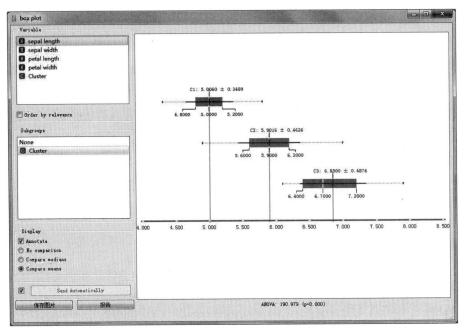

图 2-4-13　聚类模型的可视化（基于箱线图）

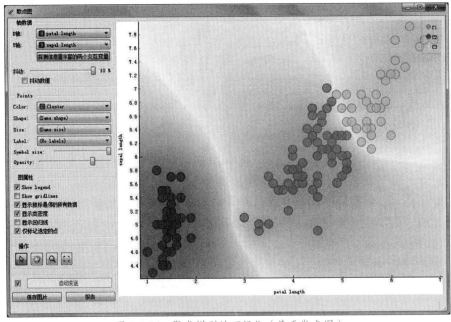

图 2-4-14　聚类模型的可视化（基于散点图）

4.3.4　实验报告

本实验构建了以 K-means 聚类算法为基础的鸢尾花（iris）的聚类模型，簇的数量设置为 3，较好地实现了将不同品种的鸢尾花区分开来，第二类品种的鸢尾花在花瓣长度及花萼长度分布上普遍较长，第一类品种的鸢尾花居中，第三类品种的鸢尾花普遍较短。

二维码 2-4-6　聚类分析认知实验操作流程图

4.4　关联规则认知实验

4.4.1　实验目的

了解关联规则的应用场景，掌握经典的关联规则算法，熟悉数据挖掘分析工具 PMT 的关联规则操作流程，并能够做一些基本的实验操作。

4.4.2　实验准备

1. 数据要求

关联规则处理变量的类别可以是布尔型或数值型。布尔型关联规则处理的值都是离散的、种类化的，它显示了这些变量之间的关系；而数值型关联规则可以和多维关联或多层关联规则结合起来，对数值型字段进行处理，将其进行动态的分割，或者直接对原始的数据进行处理，当然数值型关联规则中也可以包含种类变量。

2. 数据载入

PMT 中支持多种数据载入方式。通过文件组件可加载本地数据，数据类型支持大多数主流类型；通过 Logis 云端数据远程加载服务器数据；用户也可以构建本地数据库来实现数据传输，目前 PMT 中集成了 PostgreSQL 数据库。

3. 算法掌握

掌握 PMT 中关联规则算法：FP– 树频集（也称 FP– 频繁树）算法。

4.4.3　实验内容

二维码 2-4-7　关联规则认知实验操作演示视频

本实验数据采用购物篮数据（BASKETS），希望通过关联规则分析挖掘顾客购物篮中关联性较高的商品，分析商品之间内在的属性，为商家制订销售决策，如捆绑销售，提高销量以及利润作业务上的支撑。为了简化实验难度，本实验仅考虑单维度关联规则分析，即只考虑物品之间的关联性，因此需要使用特征选择组件过滤掉无关字段。FP– 树频集算法被用于本实验中，用于观测商品之间的购买关联性以及关联的强度。本实验的工作流如图 2-4-15 所示。

其中，"文件"组件与"特征选择"组件位于"Data"区域中，"关联规则"组件位于"Associate"区域中。

1. 数据的导入与观测

"文件"组件用于加载本地数据，如图 2-4-16 所示，选择保存在本机的 BASKETS.CSV 文件，即可导入购物篮数据，数据的基本信息也自然显示。

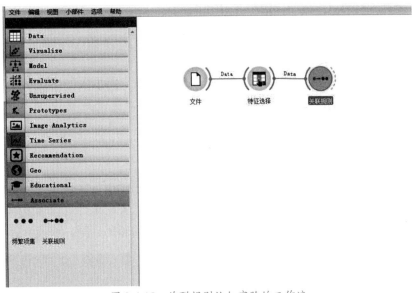

图 2-4-15 关联规则认知实验的工作流

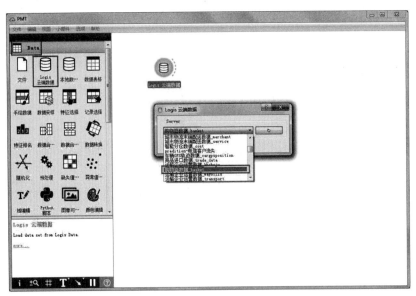

图 2-4-16 加载了"购物篮数据"的"文件"组件对话框

2. 特征选择

通过"特征选择"来实现特征过滤，其对话框如图 2-4-17 所示。

图 2-4-17　"特征选择"对话框

3. 关联规则的产生

对话框的左侧展现的是参数设置栏，右侧展现的是产生的关联规则以及对应的每一条规则的性能参数，如图 2-4-18 所示。

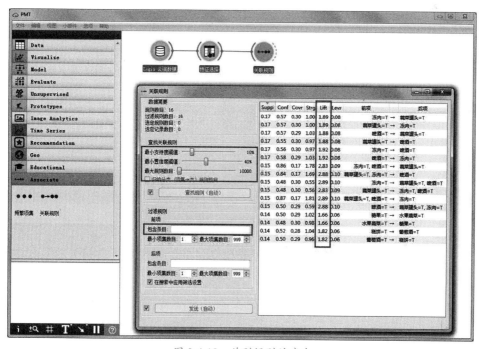

图 2-4-18　关联规则的产生

　　考虑到本实验中特征（即每一种商品）较少，因此将"最小支持度阈值"设定为10%。然而在真实的场景中，由于商品类目极其繁多，最小支持度阈值设定过高会导致算法搜索不到规则，因此用户可以考虑适当降低阈值，通过调节最小置信度阈值，控制产生的关联规则数量。例如，将"最小置信度阀值"调整为40%，将"过滤规则"中的"包含条目"中的信息删除。

　　通过观察可以发现，规则的提升度（Lift）都在1以上，规则的质量都非常不错。

4. 特殊场景下关联规则的产生

　　用户也可以在一些特殊的场景下自定义输出规则，例如，需要输出前项和"啤酒"相关的关联规则条目，而不关心其他的关联规则条目，应在左侧的"过滤规则"栏目中，"前项"选项区中的"包含条目"文本框中输入"啤酒"，然后按〈Enter〉键即可，如图2-4-19所示。

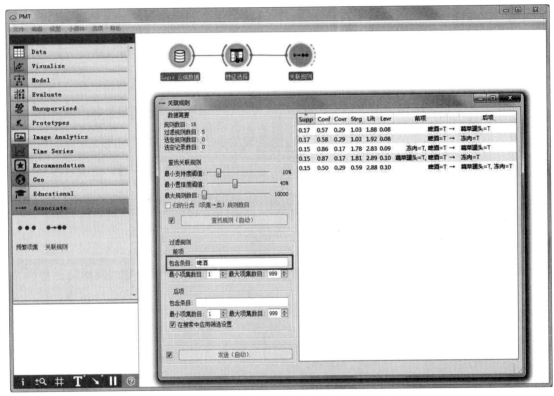

图 2-4-19　输出前项和啤酒相关的关联规则条目

　　当然，用户也可以自定义输出后项包括特殊条目的关联规则，在相关的区域中输入关键词即可，如图2-4-20所示。

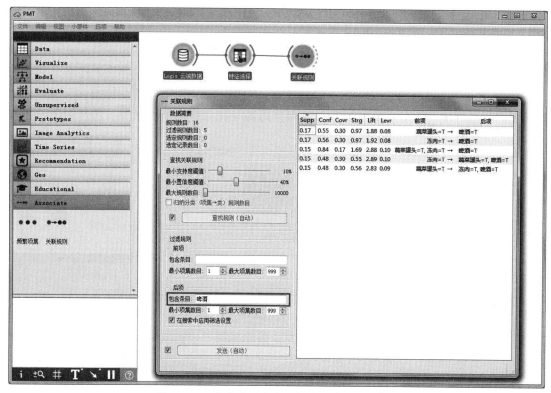

图 2-4-20　输出后项和啤酒相关的关联规则条目

4.4.4　实验报告

本实验以 FP- 树频集算法为基础对顾客的历史购物篮数据进行了关联分析，输出了较高质量的关联规则条目。在真实的场景中，可为商场或超市管理者的经营决策提供战略上的支撑，可以考虑将所属同一库区关联性较强的商品放置于相邻货架，或者在一些节假日里制订相关的捆绑销售以提高商品的销量。本实验中考虑的仅是单个维度的关联规则分析。多维度关联分析，如同时考虑客户的年龄段与购买物品的关联性等将在实训篇中作详细的介绍。

二维码 2-4-8　关联规则认知实验操作流程图

实训篇

基于时间序列的分仓商品需求预测

实训背景

高质量的商品需求预测是供应链管理的基础和核心功能,某国内大型电商平台积累了海量的买家和卖家交易场景下的数据。利用数据挖掘技术可以对未来的商品需求量进行精准预测,从而帮助商家自动作出供应链过程中的某些决策。这些以大数据驱动的供应链能够帮助商家大幅降低运营成本,提升用户的体验,对整个电商行业的效率提升起到重要作用。

二维码 3-1-1 导学

实训分析

一、目标分析

本任务的预测目标为:全国以及区域分仓商品需求量。具体而言,就是以历史一年海量买家的行为数据以及商品信息数据为依据,运用数据挖掘技术和方法(时间序列 ARIMA)精准刻画商品需求的变动规律,对未来一周的全国和区域性商品需求量进行预测。

二维码 3-1-2 实训分析

二、实训流程分析

根据上述实训目标的分析,本实训操作流程如下所示。

(1)数据观察与载入

深入理解已有数据字段的作用,理解数据特征的含义,理解实际的应用场景,并将原始数据载入 PMT 平台。

(2)数据清洗

检测缺失字段,过滤掉缺失值比重超过 70% 的属性特征,结合本实训的需求进行特征选择。

(3)探索性数据分析

首先筛选出畅销商品,通过数据可视化的方式(序列图等)观测商品需求的变化趋势,判断序列的平稳性。

(4)模型训练与评估

首先,过滤异常记录;其次,通过自相关系数、偏自相关系数的变化趋势以及差分的方式实现序列的平稳化处理；构建商品需求预测 ARIMA 模型。

（5）商品需求的预测

预测未来一周（7 天）的商品需求量。

（6）商品需求预测效果评估

通过多种途径观察预测精度，判定模型的预测性能。

核心知识点

二维码 3-1-3　知识点串讲

时间序列（或称动态数列）是指将同一统计指标的数值按其发生的时间先后顺序排列而成的数列，主要目的是根据已有的历史数据对未来进行预测。本实训涉及的核心知识点有相关系数、自相关函数 ACF、ARIMA 模型、标准差 SD、均方误差 MSE、均方根误差 RMSE、平均绝对误差 MAE、平均绝对百分误差 MAPE、赤池信息量准则 AIC 和贝叶斯信息准则 BIC。

1. 相关系数与相关程度

相关系数只是一个比率，不是等单位量度，无单位名称，也不是相关的百分数，一般取小数点后两位来表示。相关系数的正负号只表示相关的方向，其绝对值表示相关的程度。因为不是等单位的度量，因而不能说相关系数 0.7 是 0.35 的两倍，而只能说相关系数为 0.7 的二列变量相关程度，比相关系数为 0.35 的二列变量相关程度更为密切和更高。也不能说相关系数从 0.70 到 0.80，与相关系数从 0.30 到 0.40 增加的程度一样大。

对于相关系数的大小所表示的意义，目前在统计学界定义尚不一致，但通常这样认为：

相关系数	相关程度
0.00— ± 0.30	微相关
± 0.30— ± 0.50	实相关
± 0.50— ± 0.80	显著相关
± 0.80— ± 1.00	高度相关

2. 自相关函数 ACF

自相关表示的是同一个时间序列在任意两个不同时刻的取值之间的相关程度。自相关函数（Auto Correlation Function）是描述随机信号 X（t）在任意两个不同时刻 t_1、t_2 的取值之间的相关程度。自相关函数在不同的领域定义不完全等效。在某些领域，自相关函数等同于自协方差（autocovariance）。

3. ARIMA 模型

ARIMA 模型全称为自回归积分滑动平均模型（Auto Regressive Integrated Moving Average Model），是由博克思（Box）和詹金斯（Jenkins）于 20 世纪 70 年代初提出的著名的时间序列预测方法，所以又称为 box-jenkins 模型、博克思—詹金斯法。其中，ARIMA（p，d，q）称为差分自回归移动平均模型，AR 是自回归，p 为自回归项，MA 为移动平均，q 为移动平均项数，d 为时间序列成为平稳时所做的差分次数。

所谓 ARIMA 模型是指将非平稳时间序列转化为平稳时间序列，然后将因变量仅对它的滞后值以及随机误差项的现值和滞后值进行回归所建立的模型。ARIMA 模型根据原序列是否平稳以及回归中所含部分的不同，包括移动平均过程（MA）、自回归过程（AR）、自回归移动平均过程（ARMA）以及 ARIMA 过程。

4. 标准差、均方误差和均方根误差

标准差（Standard Deviation，SD）是方差的算术平方根，是各数据偏离平均数距离的平均数，它是离均差平方和平均后的方根。SD 的值越小，这些数据偏离平均值就越少。所以，SD 能反映一个数据集的离散程度。平均数相同的两组数据，SD 未必相同。

$$SD = \sqrt{\frac{1}{N} \sum_{i=1}^{N} (x_i - u)^2}$$

其中，u 表示平均值（$u = \frac{1}{N}(x_1 + \cdots\cdots x_N)$）。

均方误差（Mean Squared Error，MSE）是指参数估计值与参数真值之差平方的期望值，MSE 可以评价数据的变化程度，MSE 的值越小说明预测模型描述实验数据的精确度越高。

$$MSE = \frac{1}{N} \sum_{t=1}^{N} (observed_t - predicted_t)^2$$

均方根误差（Root Mean Square Error，RMSE）是均方误差的算术平方根，在实际测量中，观测次数 n 总是有限的，真值只能用最可信赖（最佳）值来代替。RMSE 对一组测量中的特大或特小误差反映非常敏感，所以，RMSE 能够很好地反映测量的精密度。

$$RMSE = \sqrt{\frac{1}{N} \sum_{t=1}^{N} (observed_t - predicted_t)^2}$$

RMSE 数值越小，说明预测模型描述的实验数据具有越高的精确度。

5. 平均绝对误差和平均绝对百分误差

平均绝对误差（Mean Absolute Error，MAE）是所有单个观测值与算术平均值偏差的绝对值的平均。与平均误差相比，平均绝对误差由于离差被绝对值化，不会出现正负相抵消的情况，因而能更好地反映预测值误差的实际情况。

$$MAE = \frac{1}{N} \sum_{i=1}^{N} |(f_i - y_i)|$$

其中，f_i 表示预测值，y_i 表示真实值。

平均绝对百分误差（Mean Absolute Percent Error，MAPE）是个相对值，而不是绝对值，

所以单看 MAPE 的大小没有意义，它可以用来对不同模型同一组数据进行评估。

$$MAPE = \sum_{t=1}^{N} \left| \frac{observed_t - predicted_t}{observed_t} \right| \times \frac{100}{n}$$

6. 赤池信息量准则 AIC 和贝叶斯信息准则 BIC

在选择模型来预测推理时默认了一个假设，即给定数据下存在一个最佳的模型，且该模型可以通过已有数据估计出来，根据某个选择标准选择出来的模型，用它所做的推理应该是最合理的。没有选择模型的绝对标准，好的选择标准应该根据数据分布不同而不同，并且要能融入统计推理的框架中去。

（1）赤池信息量准则 AIC

赤池信息量准则（Akaike Information Criterion，AIC）是衡量统计模型拟合优良性的一种标准，是由日本统计学家赤池弘次创立和发展的。AIC 建立在熵的概念基础上，可以权衡所估计模型的复杂度和此模型拟合数据的优良性。

在一般情况下，AIC 可以表示为：$AIC=2k-2\ln(L)$。其中，k 是所拟合模型中参数的数量，L 是似然函数，假设条件是模型的误差服从独立正态分布。

根据公式可以发现：第一，AIC 的大小取决于 L 和 k。k 取值越小，AIC 值越小；L 取值越大，AIC 值越小。k 小意味着模型简洁，L 大意味着模型精确。因此 AIC 和修正的决定系数类似，在评价模型时兼顾了简洁性和精确性。第二，当两个模型之间存在较大差异时，差异主要体现在似然函数项，当似然函数差异不显著时，k 则起作用，从而参数个数少的模型是较好的选择。第三，一般而言，当模型复杂度提高（k 增大）时，似然函数 L 也会增大，从而使 AIC 变小，但是 k 过大时，似然函数增速减缓，导致 AIC 增大，模型过于复杂，容易造成过拟合（Overfitting）现象。

AIC 鼓励数据拟合的优良性，但是尽量避免出现过拟合的情况，所以优先考虑的模型应是 AIC 值最小的那一个。AIC 的方法是寻找可以最好地解释数据但包含最少自由参数的模型。

（2）贝叶斯信息准则 BIC

贝叶斯信息准则（Bayesian Information Criterion，BIC）与 AIC 相似，用于模型选择，于 1978 年由 Schwarz 提出。训练模型时增加参数数量，也就是增加模型复杂度，也会导致过拟合现象，针对该问题 AIC 和 BIC 均引入了与模型参数个数相关的惩罚项，BIC 的惩罚项比 AIC 的大，考虑了样本数量，样本数量过多时，可有效防止模型精度过高造成的模型复杂度过高。

$$BIC=k\ln(n)-2\ln(L)$$

其中：k 是所拟合模型中参数的数量，L 是对数似然值，n 是观测值数目。

可以看到，使用贝叶斯因子方法来选择模型不需要考虑参数的先验概率（其实是假设了先验相等），这在很多参数先验无法求出时很有用，贝叶斯因子可以比较任意两个模型的好坏。

实训步骤

一、数据观察与载入

二维码 3-1-4　数据载入和探索性数据分析

1. 数据观察与分析

本实训的数据包括：用户历史购物行为以及天猫超市全国总仓、分仓数据，时间跨度从 2014 年 10 月 1 日至 2015 年 12 月 27 日，数据体量为 232 621 行（记录），原始数据特征，见表 3-1-1。其中，商品数据包括商品本身的一些分类，如类目、品牌等；用户行为特征数据包括浏览人数、加购物车人数、购买人数等。

表 3-1-1　原始数据特征

商品特征列表							
商品 ID	仓库 CODE	叶子类目 ID	大类目 ID	品牌 ID	供应商 ID	浏览次数	流量 UV
被加购次数	加购人次	收藏夹人次	拍下笔数	拍下金额	拍下件数	拍下 UV	成交金额
成交笔数	成交件数	成交人次	直通车引导浏览次数	淘宝客引导浏览次数	搜索引导浏览次数	聚划算引导浏览次数	直通车引导浏览人次
淘宝客引导浏览人次	搜索引导浏览人次	聚划算引导浏览人次	非聚划算支付笔数	非聚划算支付金额	非聚划算支付件数	非聚划算支付人次	

2. 数据载入与观测

（1）新建一个工作流

登录 PMT 平台，执行"文件"→"新建"命令，在出现的"工作流信息"对话框中，新建一个工作流，并命名为"电商业务数据分析"，如图 3-1-1 所示。

（2）导入原始数据

在"Data"区域中选择"Logis 云端数据"组件，双击该组件，在新出现的对话框中，单击下拉列表按钮，选择最后一个数据表"智能分仓数据 _item_feature"，载入本地数据，如图 3-1-2 所示。

由于原始数据量过于庞大，为了确保任务效率，可以在新出现的 PMT 对话框中选择"Yes, on a sample"，如图 3-1-3a 所示。等待一段时间后，出现"Question"对话框，如图 3-1-3b 所示，单击"Yes"按钮，将数据导入本地内存中。

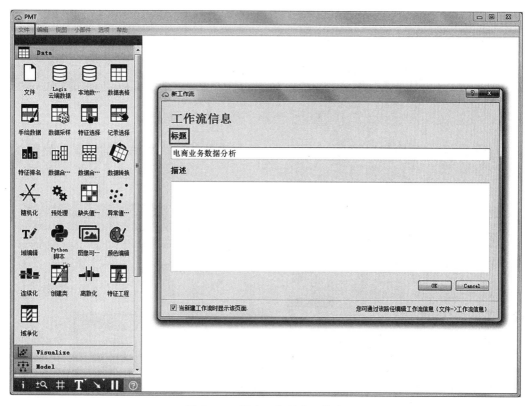

图 3-1-1 创建一个新的工作流

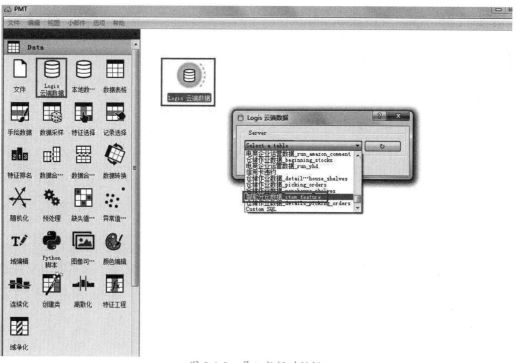

图 3-1-2 导入数据对话框

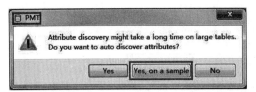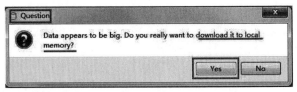

图 3-1-3　导入网络数据库对话框
a）"PMT"对话框　　b）"Question"对话框

通过"Logis 云端数据"组件，选择 sample 方式导入网络数据库的结果，如图 3-1-4 所示。

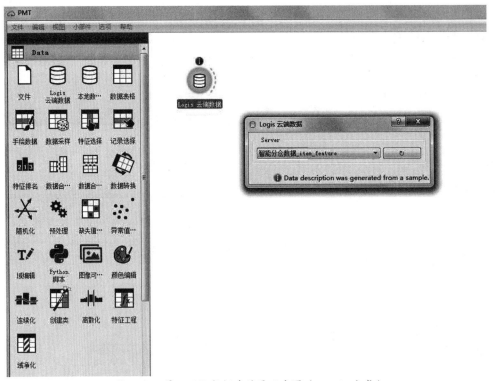

图 3-1-4　导入网络数据库结果示意图（sample 方式）

（3）原始数据观测

从"Data"区域拖拽一个"数据表格"组件并与"Logis 云端数据"组件相连，单击打开，如图 3-1-5 所示。

对话框左上角的 info 区域展现原始数据的基本信息，包括数据的体量（本实训中为232 621 条数据）、特征维度（本实训中有 31 个字段）以及缺失值比率（本实训中没有缺失值）、有无元变量等信息。对话框的右侧区域展现原始数据的二维列表，数据时间跨度从2014 年 10 月 1 日到 2015 年 12 月 27 日。

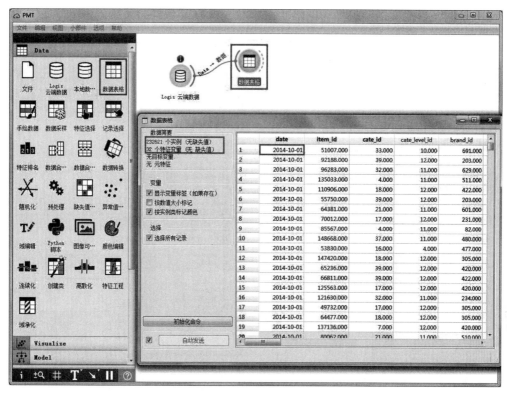

图 3-1-5　原始数据观测对话框

二、数据清洗

由于本实训没有缺失字段，所以直接结合本实训的需求进行特征选择。由于本实训将以构造时间序列模型为核心，故特征变量只选择 data，目标变量为 qty_alipay。

具体操作如下所示：

第一步，在"Data"区域中选择"特征选择"组件，将其命名为"特征选择"，并与"Logis 云端数据"组件相连，双击打开选择特征变量，如图 3-1-6 所示。

第二步，将 data 字段放入"特征变量"区域，qty_alipay 放入"目标变量"区域，item_id 放入"元特征变量"区域。

三、探索性数据分析

为了深入观测商品需求的变化，避免异常值的影响，需要针对具体商品进行探索分析，具体而言包括商品选择和商品需求变化分析。

1. 商品选择

本实训拟先以 ID（item_id）为 197 的商品作为研究目标进行分析，具体操作如下所示：

第一，从"Data"区域中拖拽一个"记录选择"组件（命名为"item_id=197"），并与图 3-1-6 的名为"特征选择"的组件相连，单击进入，如图 3-1-7 所示。

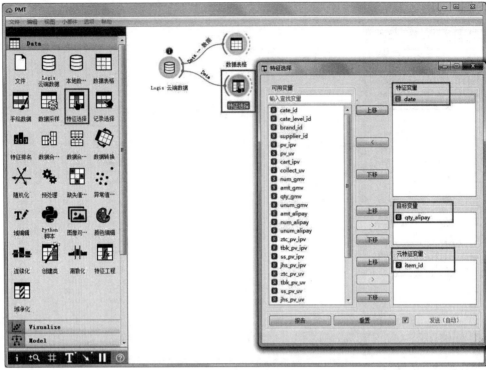

图 3-1-6　特征选择示意图

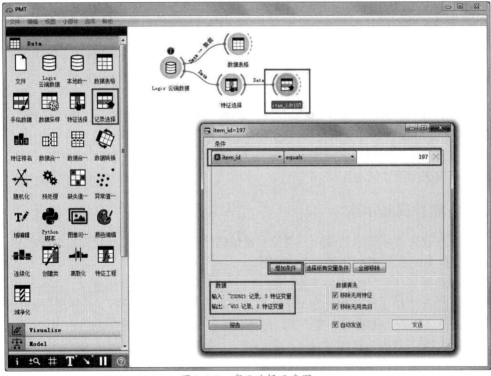

图 3-1-7　商品选择示意图

第二步，单击"增加条件"按钮，添加所需要配置的条件信息。本实训是选择"item_id"等于"197"的商品。此时，可以发现对话框的左下角"Data"区域显示，该商品包含453 条记录信息。

2. 商品需求变化分析（基于序列图）

选择商品后，可以利用可视化工具进行探索分析。具体操作如下所示：

第一步，从"Time Series"区域中拖拽一个"序列图"组件（命名为"197_Line Chart"），与"item_id=197"组件相连。

第二步，双击"序列图"组件，在新出现的对话框中，选择"qty_alipay"目标变量，"类型"默认为 line，如图 3-1-8 所示。

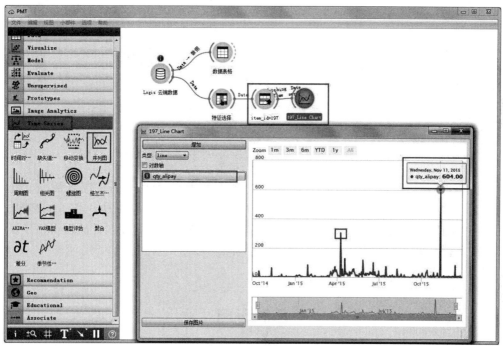

图 3-1-8　商品需求分析（基于序列图）

从图 3-1-8 中可以看出，商品（item_id=197）的需求变化除了个别异常值外总体稳定。这是个显而易见的现象，商家会在一些特殊的日子开展相关的优惠活动以及广告的大肆宣传，从而导致在一些时间点商品销量的突然暴增，例如"双 11""618""双 12"等特殊时间点。

3. 商品需求变化分析（基于螺旋图）

为了观察该商品的月度销量变化趋势，在本实训引入螺旋图进行观察。

具体操作如下所示：

第一步，从"Time Series"区域中拖拽一个"螺旋图"组件，命名为"197_Line Chart"，与"item_id=197"组件相连。

第二步，双击"螺旋图"组件，在新出现的对话框中进行参数配置，在径向中选择"months of year"，单击"qty_alipay"，结果如图 3-1-9 所示。

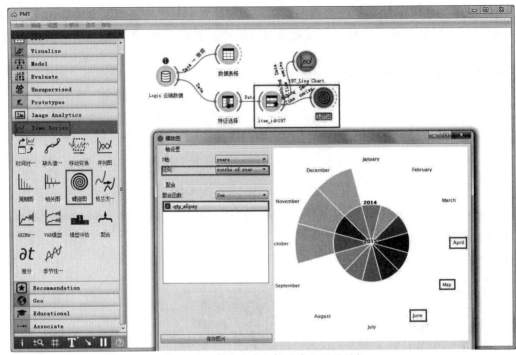

图 3-1-9　商品需求分析（基于螺旋图）

从图 3-1-9 可以看出，2014 年只有 10 月、11 月以及 12 月三个月的需求数据，且需求量都相对不大。2015 年的需求大多集中于 4 月、5 月、6 月以及 11 月。进一步挖掘发现，对比先前的图 3-1-8 可以发现，11 月的需求贡献大多来源于 11 月 11 日。故而得出建议：该商品的需求旺季集中于 4 月、5 月、6 月，商家须做好备货准备。

四、模型训练与评估

二维码 3-1-5　数据预处理和模型构建

本案例商品数据时间跨度为 2014 年 10 月 1 日至 2015 年 12 月 27 日。由于预测目标为商品未来一周的需求变化，故而将商品数据时间跨度为 2014 年 10 月 1 日至 2015 年 12 月 20 日作为训练集，2015 年 12 月 21 日至 2015 年 12 月 27 日作为测试数据。

1. 异常数据过滤

由于预测的时间段为商品的淡季期间，故需要消除异常值对模型性能的影响。具体操作：从"Data"区域中拖拽"记录选择"组件，命名为"item_id=197_train"，单击该组件进入，配置如图 3-1-10 所示。

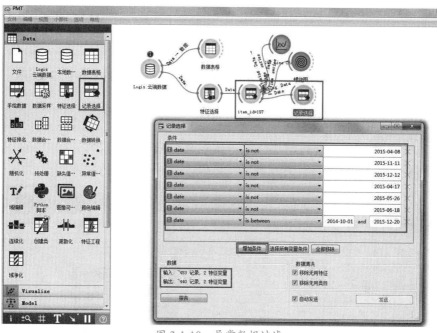

图 3-1-10　异常数据过滤

　　从图 3-1-10 可以发现，异常数值主要集中在 2015 年 4 月 8 日等 6 个特殊的日期，数据范围从 2014 年 10 月 1 日到 2015 年 12 月 20 日，最终的数据记录有 440 条。

2. 序列的平稳化处理

　　为了选择合适的 ARIMA 模型参数，本实训需要对 440 条数据进行具体观察和调整，包括时间特征识别、销售数据的季节性调整。具体操作步骤如下所示：

　　第一步，从 "Time Series" 区域中拖拽 "时间对象选择" 组件，并与 "item_id=197_train" 组件相连，双击 "时间对象选择" 组件，其配置如图 3-1-11 所示。

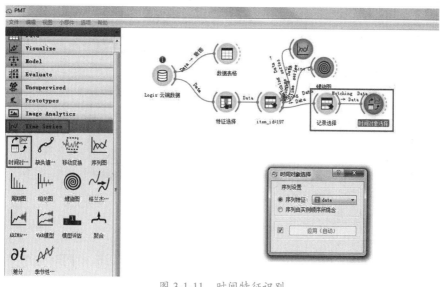

图 3-1-11　时间特征识别

第二步，从已有分析可知，该商品全年需求变化受季节影响较大，所以需要进行季节性调整。从"Time Series"区域中拖拽"季节性调整"组件，并与前一步的"时间对象选择"组件相连，单击进入，选择"应用（自动）"前面的复选按钮，如图 3-1-12 所示。

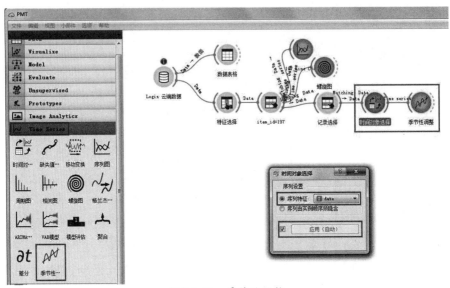

图 3-1-12　季节性调整

第三步，从"Time Series"区域中拖拽一个"序列图"组件，并与"季节性调整"组件相连，在出现的对话框中选择"Time series"→"Time series"，如图 3-1-13 所示。

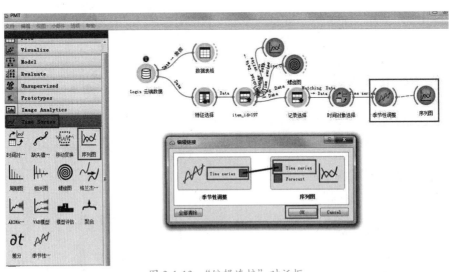

图 3-1-13　"编辑连接"对话框

第四步，单击"OK"按钮，双击"序列图"组件，在对话框中同时选中"qty_alipay（trend）"和"qty_alipay"，结果如图 3-1-14 所示。

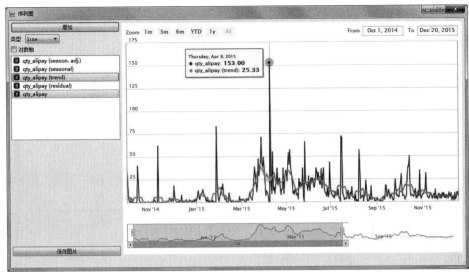

图 3-1-14 季节性调整时间序列图

第四步，引入自相关图 ACF，从"Time Series"模块中拖拽一个"相关图"组件，并与"时间对象选择"组件相连，单击进入，如图 3-1-15 所示。

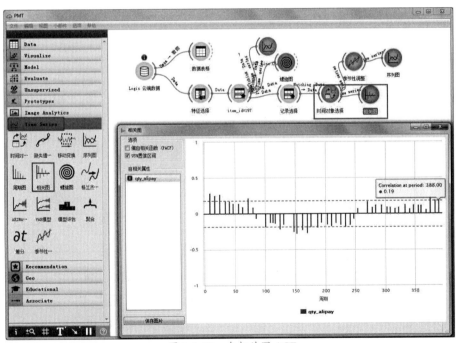

图 3-1-15 自相关图 ACF

从图 3-1-15 中可以看出，在 95% 的置信度下，滞后 1 阶自相关值大部分没有超过边界值，部分超过边界可能是由于异常值的影响。

引入偏相关图 PACF，即在图 3-1-15 的"Option"区域中选中第一个选项"偏自相关函数（PACF）"，结果如图 3-1-16 所示。

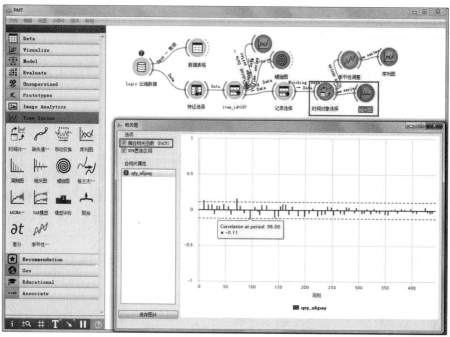

图 3-1-16　偏相关图 PACF

分析图 3-1-16，发现偏自相关值选 1 阶后结尾，因此本实训中 ARIMA 模型的参数设置为 arima（1,1,1）。

3. 构建训练模型

从 "Time Series" 模块中拖拽一个 "ARIMA 模型" 组件，并与 "时间对象选择" 组件相连，预测步长设置为 7，单击进入，配置如图 3-1-17 所示。

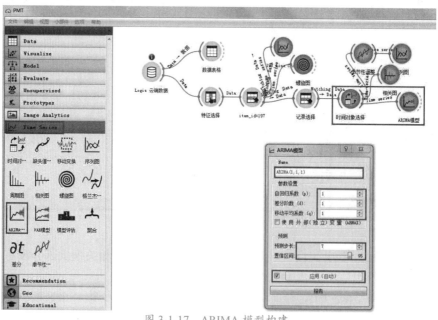

图 3-1-17　ARIMA 模型构建

4. 新建训练模型的评估

为了评估训练后模型的性能，从"Time Series"模块中拖拽一个"模型评估"组件，并同时与"时间对象选择"组件和"ARIMA 模型"组件相连，单击进入，如图 3-1-18 所示。

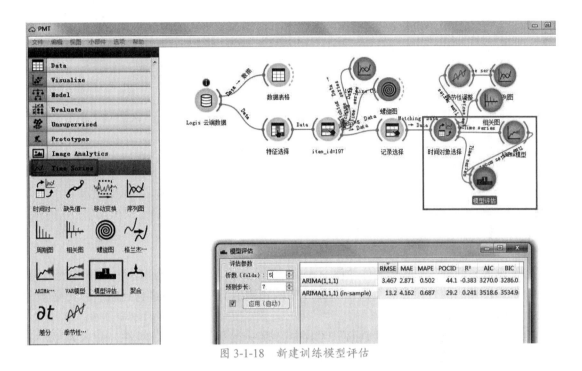

图 3-1-18　新建训练模型评估

其中，RMSE 为均方根误差，MAE 为均方误差，MAPE 为平均绝对百分误差，R2 为相关性强弱，AIC 为赤池信息准则等。MAE 值为 3.245，开方即为 1.6，表明单个记录的总体平均预测误差为 1.6，模型的总体性能较好。

五、商品需求的预测分析

为了获取详细的预测值，从"Data"区域中选择一个"数据表格"组件，命名为"predict"，并与"ARIMA 模型"组件相连，在出现的对话框中选择"forcast"，单击"OK"按钮，结果如图 3-1-19 所示。

计算图 3-1-19 中的数值，发现对 7 天的预测值求和为 42.09。

二维码 3-1-6　结果解读

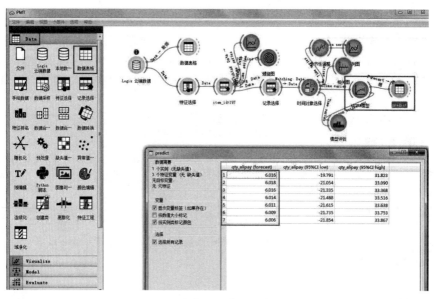

图 3-1-19　未来一周商品需求的预测

六、预测效果评价

1. 预测效果评价——基于具体数值

为了对比预测的效果，需要将图 3-1-19 中的预测值与实际数值进行比较，以评估预测效果。具体操作如下所示：

第一步，配置测试集。从"Data"区域中选择一个"记录选择"组件，命名为"item_id=197_test"，并与图 3-1-6 中已经建立的名为"特征选择"的组件相连，单击打开，配置如图 3-1-20 所示。

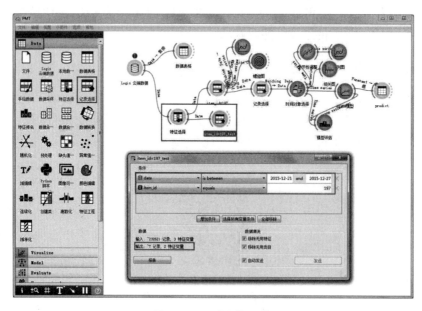

图 3-1-20　测试集配置

第二步，获取测试集。从"Data"区域中选择一个"数据表格"组件，命名为"test_table"，并与"item_id=197_test"组件相连，单击打开，获得测试数据集，如图 3-1-21 所示。

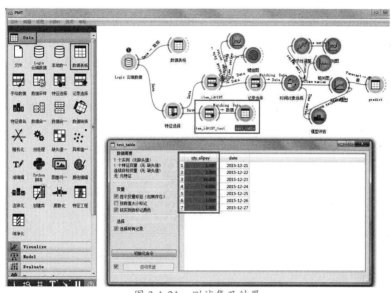

图 3-1-21　测试集及结果

计算图 3-1-21 的数值发现，7 天的测试数据集求和为 29。对一周的预测值与实际值对比误差为 13.09。

2. 预测效果评价——基于可视化

为了更加直观地观察训练数据与预测值的总体变化趋势，可以借助合适的可视化工具。具体操作：从"Time Series"模块中拖拽一个"序列图"组件，命名为"test"，先与"时间对象选择"组件相连，再与"ARIMA 模型"组件相连，单击打开并选中"qty_lipay"，如图 3-1-22 所示。

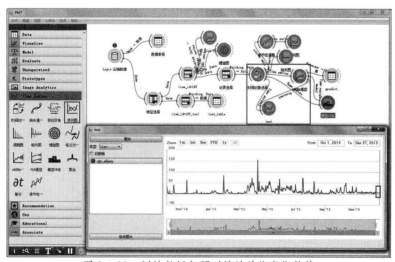

图 3-1-22　训练数据与预测值的总体变化趋势

拓展与思考

本实训基于 ARIMA 构建了商品预测模型，从 MAE 等参数判断精度比较高，但是预测值与实际值对比仍然相差较大。因此，请思考并练习：

第一，如何过滤不合理的数据，使得预测模型精度提高，预测数值更加可信。

第二，已有实训仅是预测了一周的销售，如果时间延长到两周、一个月，预测值是否会更加准确。

第三，是否可以建立其他模型，例如，神经网络和 ARIMA 的混合模型，以提高预测精度。

二维码 3-1-7　练一练

基于聚类分析（K-means）的
快递企业客户群识别

实训背景

某国内大型快递企业，服务客户对象主要是国内第三方电商卖家，集快递、快运、仓储服务为一体，主营公路运输业务，覆盖城市达300多个，细分为同城快递、省内异地快递、省际快递等。该快递企业由于客户关系管理方面失当，导致出现业务效率低、客户投诉率居高不下、营销受阻等一系列问题，尤其是高价值客户的持续流失给企业带来了难以估量的损失。希望利用聚类分析思想精准识别特定客户群，提出具体解决方案。

二维码 3-2-1　导学

实训分析

一、实训目标分析

该大型快递企业希望运用聚类分析这一细分市场工具，基于快递客户的历史行为数据，区分不同类型的客户群并刻画不同客户群的特征，以更好地提供个性化服务，提高客户满意度，减少高价值客户的流失。

换而言之，本实训的目标在于通过对快递客户的历史运单、业务量等数据集进行分析，挖掘出对企业产生不同价值的客户群，进而为企业的客户关系差异化服务和营销决策提供支撑。

二维码 3-2-2　实训解读

二、实训流程分析

根据上述实训目标分析，本实训操作流程如下：

（1）数据观察与载入

深入理解已有数据字段的作用，理解数据特征的含义，对业务场景有足够的把握，并将原始数据载入 PMT 平台。

（2）数据清洗

本实训中缺失值体量占比极为微小，软件对话框中都没有显示。但是，为了降低缺失值的存在对后期数据建模的影响，还是要进行缺失值的处理。

（3）探索性数据分析

采用时间序列的手段，利用序列图和螺旋图进行数据分析，发现该企业业务的淡旺季和问题；利用级联表方式，分析流失客户分布情况，分析客户流失率在不同收益站上和创收站上的分布情况。

（4）模型构建

利用 K-means 聚类组件，构建聚类分类模型。

（5）模型的可视化分析

利用"箱线图"组件，对所构建的模型进行可视化分析。分析快递客户在收益、业务量、运单数、单位业务量收益、单位运单数收益、单位体积收益、单位计费重量收益七个维度的分布情况，观测聚类模型性能是否符合预期。

（6）流失客户聚类分析

使用了箱线图等方式，分析四类快递客户在不同维度上的均值和排名，并结合四类客户的数量，挖掘存在的问题。

核心知识点

二维码 3-2-3　知识点串讲

1. K-means 聚类算法的具体运算过程

本实训采用 K-means 聚类算法，K-means 算法是典型的基于欧式距离的聚类算法，采用距离作为相似性的评价指标，即认为两个对象的距离越近，其相似度就越大。该算法认为簇是由距离靠近的对象组成的，因此把得到紧凑且独立的簇作为最终目标。算法过程如下：

1）从 N 个对象中随机选取 K 个对象作为质心；

2）测量剩余的每个对象到每个质心的距离，并将其归到最近的质心的类；

3）重新计算已经得到的各个类的质心；

4）迭代 2）～3）步直至新的质心与原质心相等或小于指定阈值，算法结束。

2. K-means 聚类算法的参数设置

K-means 聚类算法能根据较少的已知聚类样本的类别对树进行剪枝，确定部分样本的分类；其次，为了克服少量样本聚类的不准确性，该算法本身具有优化迭代功能，在已经求得的聚类上再次进行迭代，修正剪枝，确定部分样本的聚类，优化了初始监督学习样本分类不合理的地方。然而，K-means 算法需要采用"初始随机种子点"，随机种子点往往太重要，不同的随机种子点会得到完全不同的结果。因此，引入"K-means++"来有效地选择初始点。

实训步骤

一、数据观察与载入

二维码 3-2-4　数据预处理和探索性特征分析

1. 数据观察与分析

本实训分析的快递客户历史交易数据，时间跨度为 2015 年 7 月~2016 年 1 月。每一条记录表征客户在某个月份的业务数据，数据特征包括客户账号（表示快递客户的唯一标识）、运单数、业务量、体积、计费重量、收益等数值型业务属性，还包括重货标识、结算方式、是否流失、主要始发站及主要终点站等离散型业务属性。

2. 数据载入与观测

（1）新建一个工作流

登录 PMT 平台，执行"文件"→"新建"命令，在出现的"工作流信息"对话框中，新建一个工作流，并命名为"基于聚类的快递企业客户群识别"（见图 3-2-1）。

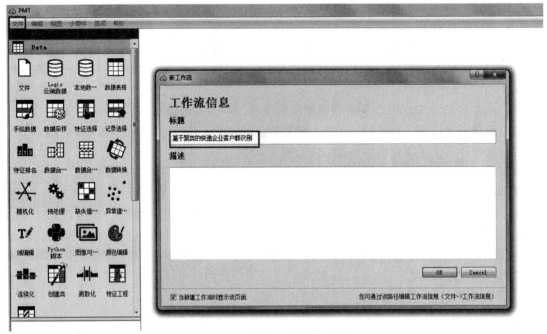

图 3-2-1　创建一个新的工作流

（2）导入原始数据

在"Data"区域中选择"Logis 云端数据"组件，双击该组件，在新出现的对话框中，单击下拉列表按钮，选择数据表"快运企业客户数据"，载入本地数据，如图 3-2-2 所示。

由于原始数据量过于庞大，为了确保效率，可以在新出现的"PMT"对话框中选择"Yes, on a sample"（见图 3-2-3a）。等待一段时间后，出现"Question"对话框（见图 3-2-3b），单击"Yes"按钮，将数据导入本地内存中。

通过"Logis 云端数据"组件，选择 sample 方式导入网络数据库，结果如图 3-2-4 所示。

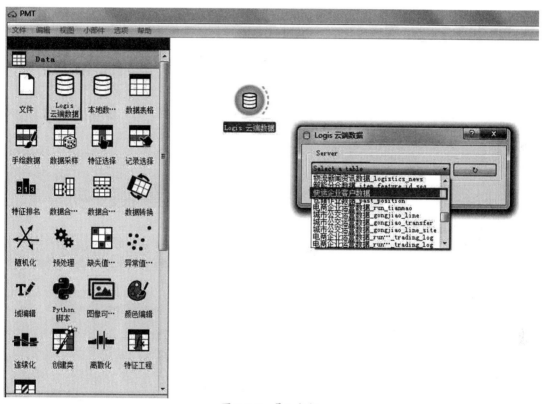

图 3-2-2　导入数据

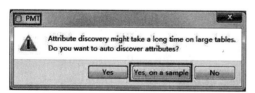
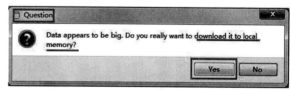

图 3-2-3　导入网络数据库
a）"PMT"对话框　　b）"Question"对话框

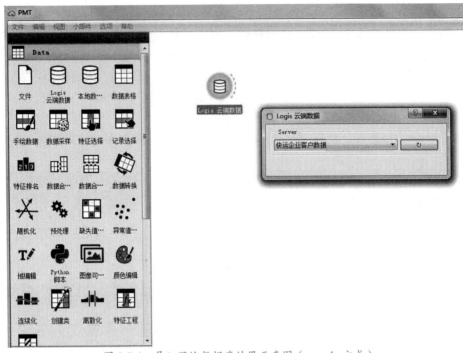

图 3-2-4 导入网络数据库结果示意图（sample 方式）

（3）原始数据观测

在"Data"区域中选择"数据表格"组件，并与"Logis 云端数据"组件相连，双击打开，如图 3-2-5 所示。

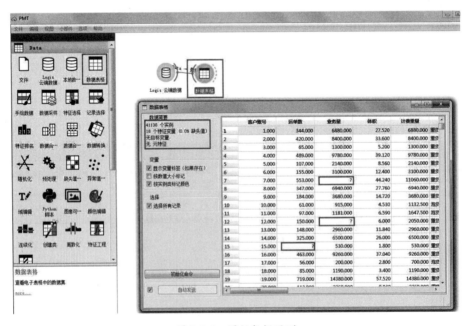

图 3-2-5 原始数据观测

对话框左上角的"数据简要"区域展现原始数据的基本信息，包括数据的体量、特征维度以及缺失值比率、有无元变量等信息，对话框的右侧区域展现原始数据的二维列表。原始数据包含 41 138 个实例（记录）、18 个特征变量。仔细观测图 3-2-5 右侧的二维数据列表，很容易发现，数据表中还是存在少量缺失值。

二、数据清洗

为了降低缺失值的存在对后期数据建模的影响，对原始数据进行相关清洗工作。具体操作：在"Data"区域中选择"缺失值处理"组件，并与"Logis 云端数据"组件相连，该组件对缺失值的处理包含全局处理以及局部处理两大模块，选择全局处理中的方法选项，算法将对所有的字段实行同一种方法的缺失值处理，选择局部处理中的方法选项，用户可以自定义不同字段的缺失值处理方法。

组件中集成的缺失值处理方法包括：①不做处理；②按字段所在列平均值 / 出现频次最高值补全；③基于简单树方法补全；④按随机值补全；⑤移除存在缺失值的实例。

本实训中由于缺失值比率极为微小，采用第 2 种方法进行全部缺失值补全，如图 3-2-6 所示。

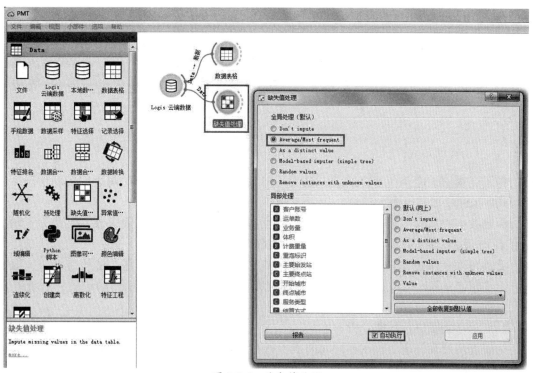

图 3-2-6　缺失值处理

缺失值处理完毕后，将"数据表格"组件和"缺失值处理"组件相连，可以发现缺失值已经弥补完毕。例如，客户账号 7 和 12 的业务量，由空值变为了 5619.335，客户账号 15 的运单数变为了 386.225（见图 3-2-7）。

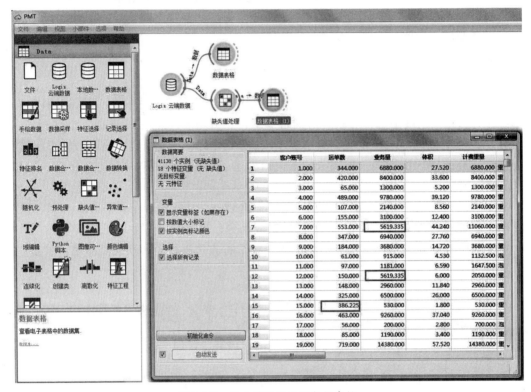

图 3-2-7　缺失值弥补后的数据表格

三、探索性数据分析

为了观察该快递企业客户的业务量、运单数以及收益等维度在时间上的变动情况，采用时间序列的手段进行深度探测。

原始数据中包含"近期合作月份"和"近期合作日期"两个时间字段，因此为了精准识别某个时间字段，引入"时间对象选择"组件。

具体操作：单击"Time Series"区域中的"时间对象选择"组件，将其与"缺失值处理"组件相连，双击组件打开对话框，在序列特征配置中选择"近期合作日期"，单击"应用（自动）"按钮（见图 3-2-8）。

1. 利用序列图进行数据分析

为了直观展现快递客户在不同时间点上的业务量、运单量及收益等维度上的分布状况，引入序列图进行数据分析。

具体操作：

第一步，单击位于"Time Series"区域中的"序列图"组件，将其与"时间对象选择"组件相连，在出现的"编辑链接"对话框中，直接单击"OK"按钮（见图 3-2-9）。

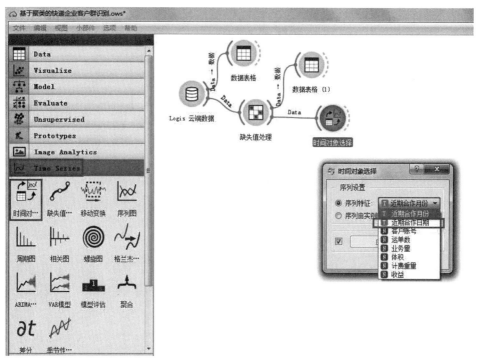

图 3-2-8 时间对象选择

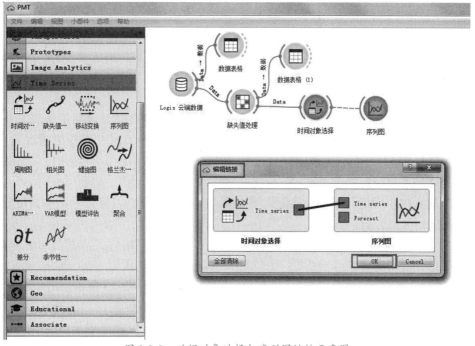

图 3-2-9 时间对象选择与序列图链接示意图

　　第二步，双击"序列图"组件打开对话框，单击"增加"按钮可增加序列图数量，本任务中同时展现收益、运单数和业务量三个维度的分布状况，如图 3-2-10 所示。

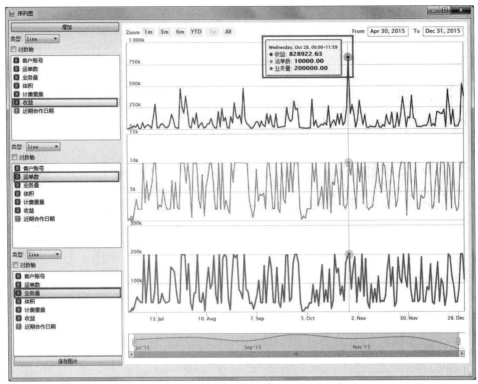

图 3-2-10　收益、运单数和业务量三个维度序列图

从以上序列图中可以清晰地发现，该快递企业在收益这个维度上是一个随机的不平稳序列，在局部出现明显的、差异度较大的波峰与波谷，特别是在 2015 年 10 月 28 日出现全局最高峰值，达到 828 922.63 元，同时业务量及运单数量也达到全局最高峰值，分别达到 10 000、200 000 个单位。

有趣的是，业务量及运单数两个维度在其他时间点上多次同时达到了全局最高峰值，但收益差异性却非常大，是什么原因导致快递企业出现这种情况，有待更为深入一步地探测。

2. 利用螺旋图进行数据分析

为了从更大的粒度进行观测，比如，快递企业月度业务量、月度运单数、月度收益等，引入螺旋图进行数据分析。

具体操作：单击位于"Time Series"区域中的"螺旋图"组件，将其与"时间对象选择"组件相连，双击组件打开对话框，Y 轴配置"years"，径向配置"months of year"，聚合函数选择"Sum"。三个维度月度分布情况分别如图 3-2-11~ 图 3-2-13 所示。

将光标放置在对应区域可观测对应具体数值。从以上螺旋图可以清晰地观测到，该快递企业在进入 2015 年 7 月以后，在三个维度的月度分布情况皆出现了巨大的增长幅度，2015 年 4~6 月，月度运单数平均不足 300，进入 7 月份以后，月度运单数均在 2 000 000 以上，月度运单数峰值达到 3 252 251，业务量的峰值达到 43 417 911，月度平均收益从前三个月的不足 15 000 上升至月度平均收益均超过 30 000 000。这也能从一个侧面反映该快递企业的业务淡季及旺季分布状况。

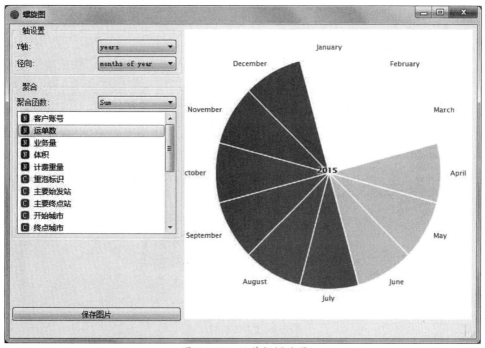

图 3-2-11　运单数螺旋图

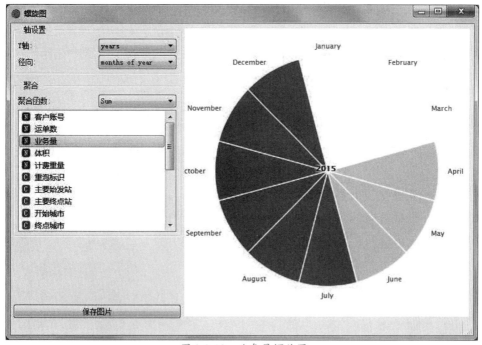

图 3-2-12　业务量螺旋图

3. 流失客户分布情况分析（基于"列联表"组件）

客户流失，尤其是高价值客户的流失往往对企业的利润增长造成极大的影响，因此本实训另外一个关注的侧重点是客户流失分布情况。

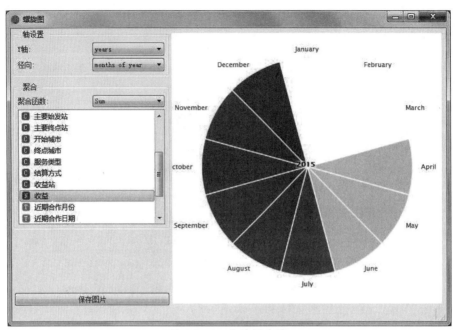

图 3-2-13　收益螺旋图

具体操作：

第一步，单击"Prototypes"区域中的"列联表"组件，将其与"时间对象选择"组件相连。

第二步，双击打开"列联表"组件，在出现的对话框的"行"配置中选择"收益站"，"列"配置中选择"流失情况"（见图 3-2-14）。

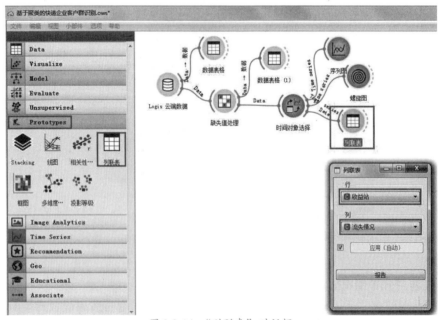

图 3-2-14　"列联表"对话框

第三步，将"数据表格"组件和"列联表"组件相连，就可以关注客户流失在收益站上的分布情况（见图 3-2-15）。

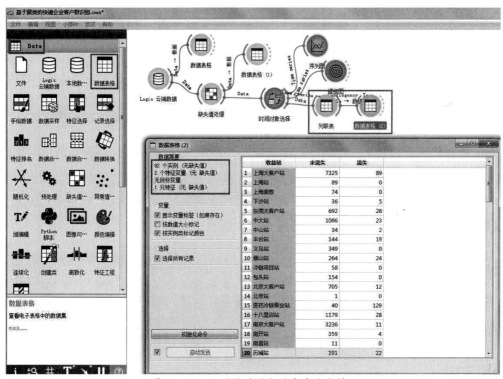

图 3-2-15　不同收益站上的客户流失情况

分析图 3-2-15 不难发现，不同的收益站客户流失数量相差很大。但是，由于不同收益站本身客户数量的不同，所以客户流失数量只是绝对数量上的差异，不能完全、真实地反映收益站的客户流失情况。

4. 客户流失率的创建与分析

由于不同收益站存在流失客户数量上的差异，因此，需要构造新的特征——"客户流失率"，对流失客户相对数量上的差异进行分析。

具体操作：

第一步，单击位于"Data"区域的"特征工程"组件，并将其与"列联表"组件相连，双击打开组件。

第二步，在出现的"特征工程"对话框中进行变量定义，即单击"创建"按钮，选择"连续型"字段，并定义字段名称（客户流失率），配置方法为"流失 /（流失 + 未流失）"，单击发送，如图 3-2-16 所示。

引入"数据表格"组件来观察客户流失率的分布情况，将该组件与"特征工程"组件相连，双击将其打开，单击"客户流失率"字段进行降序排列（见图 3-2-17）。

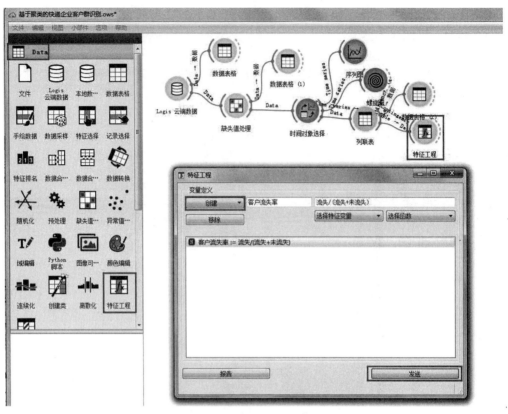

图 3-2-16　构造客户流失率特征

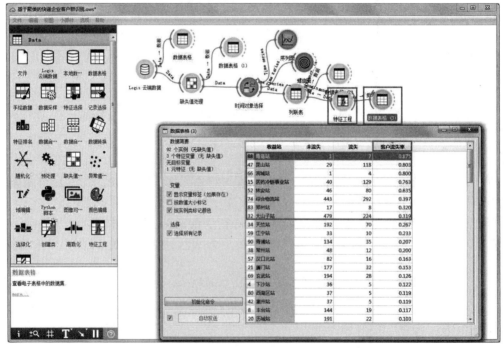

图 3-2-17　不同收益站上的客户流失率（降序）

可以观测到客户流失率超过 30% 的收益站包括：青岛站（87.5%）、昆山站（80.3%）、滨城站（80%）、医药冷链事业站（76.3%）、林安站（63.5%）、综合物流站（39.7%）、郑州站（32%）和大山子站（31.9%）。

同理，可进一步观测在"创收站"维度上客户流失的分布情况，客户流失率超过 30% 的收益站包括：花都站（100%），林安站（88.4%），大山子站（75.9%），汉口北站（73.3%），昆山站（69.4%），广州大客户站（54%）（见图 3-2-18）。

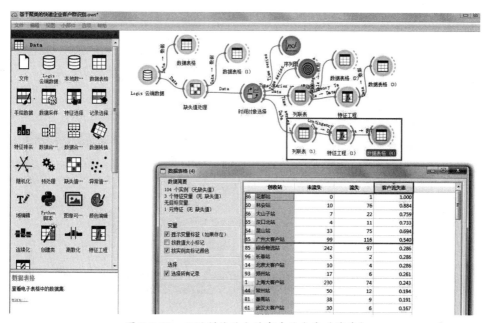

图 3-2-18 不同创收站上的客户流失率（降序）

上述分析促使业务管理者必须从客户流失率的角度来思考，重点加强站点间的资源整合，降低客户流失率。

四、模型构建

二维码 3-2-5 模型构建和结果输出

本实训的核心任务就是利用 K-means 聚类组件构建聚类分类模型。根据前面的数据分析，这首先需要选择合适的记录；其次，自定义特征变量；最后，构建模型。具体操作如下：

第一步，在"Data"区域中选择"记录选择"组件，双击该组件，在新出现的对话框中可以设置合适的"条件"，也可以浏览输入数据 / 输出数据的"记录"和"特征变量"的数量（见图 3-2-19）。

第二步，在"Data"区域中选择"特征工程"组件，双击该组件，在新出现的对话框中（见图 3-2-20）自定义合适的特征变量。其中，单位运单数收益 = 收益 / 运单数；单位业务量 = 收益 / 业务量；单位体积收益 = 收益 / 体积；单位计费重量收益 = 收益 / 计费重量（这些特征变量的设置主要依据图 3-2-15~ 图 3-2-17 的数据分析）。

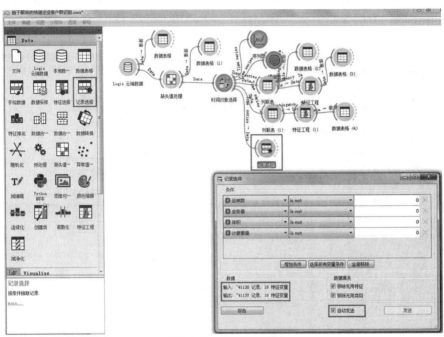

图 3-2-19　记录的选择

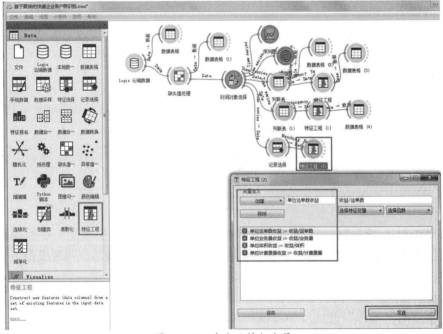

图 3-2-20　自定义特征变量

第三步，在"Data"区域中选择"特征选择"组件，双击该组件，在新出现的对话框中
（见图 3-2-21），选择合适的特征变量。

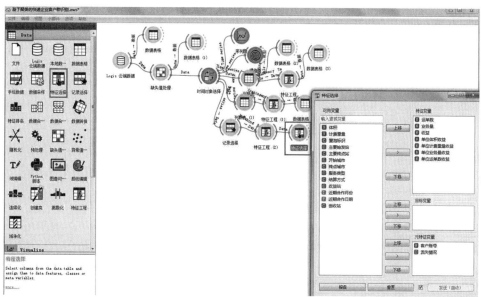

图 3-2-21　选择合适的特征变量

第四步，从"Unsupervised"区域中引入"K-means 聚类"组件，配置好参数并将其与
"特征选择"组件相连。本实训中假定聚类簇数为 4。配置详细如图 3-2-22 所示。

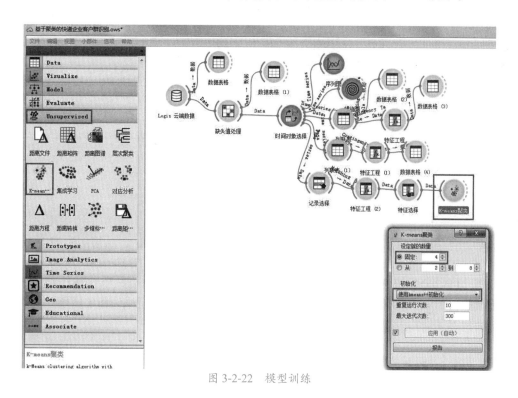

图 3-2-22　模型训练

五、模型的可视化分析

待模型训练完毕，为了探测聚类模型的效果（一般而言，希望聚类模型组内差异尽可能小，组间差异尽可能大）以及各个类别在不同维度上的分布情况，从"Visualize"区域中选择"箱线图"组件（"box plot"）并与"K-means 聚类"组件相连，双击将其打开，在"Subgroups"配置中选择"Cluster"项，"Display"配置中选择"Compare means"（对比均值），在"Variable"区域中用户可自由切换不同的维度进行观测。快递客户在收益、业务量、运单数三个维度上的箱线图分布分别如图 3-2-23~ 图 3-2-25 所示。

二维码 3-2-6　结果解读

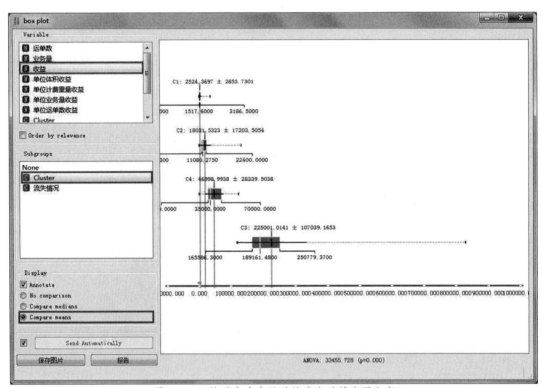

图 3-2-23　快递客户在收益维度上的箱线图分布

同样，可以分析快递客户在单位业务量收益、单位运单数收益、单位体积收益、单位计费重量收益维度上的箱线图分布。通过这些图形，从整体上观测，聚类模型性能大致符合预期。

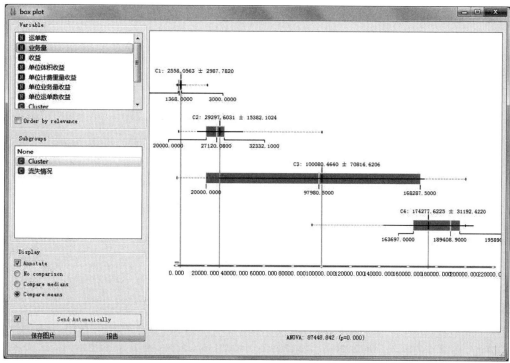

图 3-2-24　快递客户在业务量维度上的箱线图分布

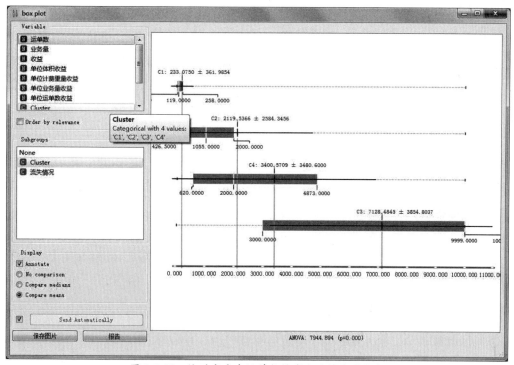

图 3-2-25　快递客户在运单数维度上的箱线图分布

六、流失客户聚类分析

二维码 3-2-7 分析结果的商业应用

1. 四类快递客户排名分析

进一步分析上述箱线图，可以发现四类快递客户在不同维度上的均值（见表 3-2-1）。

表 3-2-1 四类快递客户在不同维度上的均值

客户类别	收益	业务量	运单数	单位业务量收益	单位运单数收益	单位体积收益	单位计费重量收益
C1	18 032	29 298	2 120	0.8931	43.4241	314.6591	0.6315
C2	2 524	2 558	233	2.1315	15.3756	478.2317	0.9072
C3	46 999	174 278	3 400	0.2870	48.3212	144.1486	0.2800
C4	225 001	100 080	7 128	424.7115	133.3991	5112.8098	20.372

将以上数据整合，可获得四类快递客户在不同维度上的排名（见表 3-2-2）。

表 3-2-2 四类快递客户在不同维度上的排名

排名	收益	业务量	运单数	单位业务量收益	单位运单数收益	单位体积收益	单位计费重量收益
1	C4	C3	C4	C4	C4	C4	C4
2	C3	C4	C3	C2	C3	C2	C2
3	C1	C1	C1	C1	C1	C1	C1
4	C2	C2	C2	C3	C2	C3	C3

2. 四类快递客户数量分析

通过将"数据表格"组件和"K-means 聚类"组件相连，可以发现：C1 类客户有 2500 个，占比为 6.08%；C2 类客户有 97 个，占比为 0.24%；C3 类客户有 38 251 个，占比为 92.98%；C4 类客户有 289 个，占比为 0.70%（见图 3-2-26）。

依据上述分析，可以总结出如下结论。

第一，价值最大的 VIP 大客户群（C4，占比为 0.70%），此类客户给企业带来的收益最大，且在运单数、单位业务量收益、单位运单数收益、单位体积收益、单位计费重量收益五个维度上分布都处于最高级别，从客户差异化服务视觉来看，建议设专人在进行一对一跟踪服务的同时，及时了解客户的具体需求并及时反馈；必要时可在各网点设立服务专区，让大客户在专区内办理快递手续和进行快递资费结算服务。

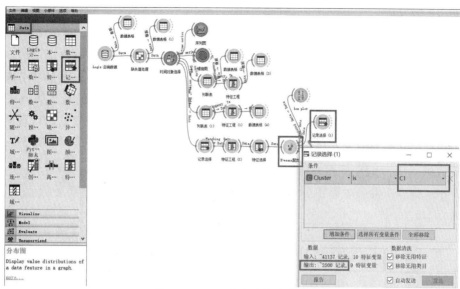

图 3-2-26　C1 类客户数量查看

第二，能够为快递企业带来较高收益的主要客户群（C2，占比为 0.24%），此类客户在单位业务量收益、单位体积收益和单位计费重量收益三个维度上排名第二，说明此类用户平均收益很高。

第三，消费额一般的潜在客户群（C1，占比为 6.08%），此类客户在收益维度上徘徊在 18 032，具有较大的提升空间。从精准营销的视觉，对于潜在客户，采取积分制，当服务次数达到一定量时，可给予价格优惠，加强合作减少流失，且提供多种结算方式，采用季节或预存措施。

第四，数量庞大但价值很低的小客户群（C3，占比为 92.98%）。

为了观测不同类别客户的流失状况，在箱线图中切换变量为"流失情况"，如图 3-2-27 所示。

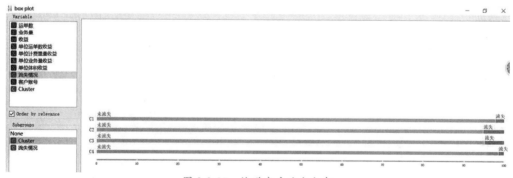

图 3-2-27　快递客户流失分布

从图 3-2-27 中可以发现，流失情况最为严重的类别为第 2 类客户（C2）和第 3 类客户（C3），流失率分别达到了 5.15% 和 4.83%。而 C2 作为 VIP 大客户群，流失情况如此严重（比例最大，为 5.15%），需要管理层深入思考应对策略。高价值客户的流失对企业带来的损失是难以估量的。

拓展与思考

本实训在进行流失客户聚类分析的时候主要使用了箱线图方式，用户也可以使用分布图可视化的方式来进一步探测聚类结果。例如，利用位于"Visualize"区域的"分布图"组件，将其与"K-means 聚类"组件相连并双击打开，将分组配置设置为"Cluster"，勾选"显示相对频率"，用以消除不同类别客户数量上的差异，切换不同的变量进行观测。观测不同类别的客户在收益、业务量、运单数等维度上的分布情况（见图 3-2-28~ 图 3-2-30）。

二维码 3-2-8 练一练

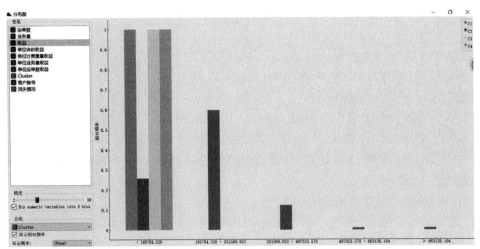

图 3-2-28 不同类别客户在收益上的分布图

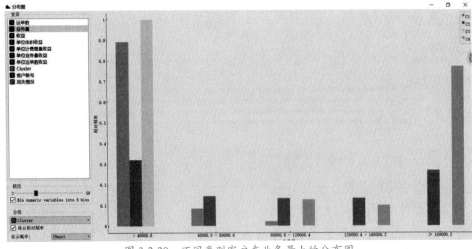

图 3-2-29 不同类别客户在业务量上的分布图

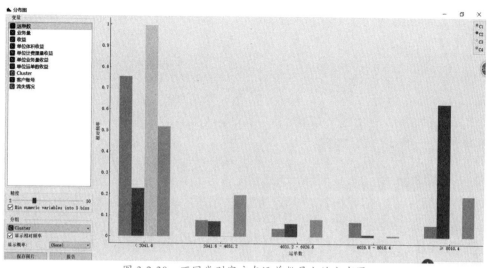

图 3-2-30   不同类别客户在运单数量上的分布图

为了在一个二维平面上同时观测多个维度交互分布客户的分布状况，也可以引入位于"Visualize"区域中的"马赛克"组件，将其与"K-means 聚类"组件相连并双击打开，内部颜色配置"Cluster"。以下展现"单位运单数收益"与"收益"两个维度交互下的切入类别维度，用以观测不同类别快递客户的分布情况（见图 3-2-31）。

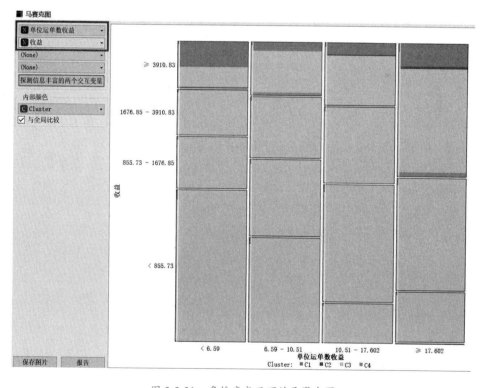

图 3-2-31   多维度交互下的马赛克图

実 训 3

基于关联规则的超市顾客购物行为分析

实训背景

在大型超市或商场中，商品的摆放位置对销售有非常重要的影响。科学合理的商品摆放布局不仅能节省顾客的购买时间，还能进一步刺激顾客的购买欲望。将一些被认为没有关联的商品摆放在一起，可能会产生意想不到的效果，如经典的"尿布与啤酒"的故事所展现的营销效果。在本实训中，该超市主要经营食品、生鲜、日用品等，规模相对较大，销售的商品种类繁多。随着超市竞争加剧，为求进一步发展，该超市迫切需要对自身的经营状况进行深入分析，并根据销售状况适时调整经营策略。

二维码3-3-1　导学

实训分析

一、实训目标分析

通过挖掘顾客历史交易记录，了解顾客的购买习惯和偏好，了解顾客购物篮中商品之间存在的关联性，以实现商品的组合优化布局，促进销售商品的效率，提高超市的效益。

二、实训流程分析

根据上述目标的分析，本实训操作流程如下：

（1）数据观察与载入

深入理解已有数据字段的作用，理解数据特征的含义，对业务场景有足够的把握，并将原始数据载入 PMT 平台。

（2）探索性数据分析

首先，选择合适的特征字段；其次，对数值型数据进行离散化处理；接着，通过数据可视化的方式（分布图、马赛克图），深入探索超市顾客在不同维度上的分布状况。

（3）关联规则的建立与挖掘

基于"购物篮数据 1.CSV"数据，构建多维关联规则，并观测其与消费额、物品的关联；基于"购物篮数据 2.CSV"数据，构建单维关联规则，观测不同物品之间的关联。

核心知识点

二维码3-3-2　知识点串讲

本知识点在 2.2.2 已经有过详细论述，故在此不再赘述。

实训步骤

一、数据观察与载入

二维码 3-3-3　数据载入和特征分析

1. 数据观察与分析

进行超市顾客历史交易数据分析。本实训分析的是顾客的每次交易数据（即每个购物篮），其中涉及一个或多个商品。每一条记录表征顾客的购买记录，数据特征包括卡号——顾客的唯一标识，每次购物的消费额、年龄等数值型属性，还包括付款方式、性别和购买物品等离散型业务属性。

2. 数据载入与观测

（1）新建一个工作流

登录 PMT 平台，执行"文件"→"新建"命令，在出现的"工作流信息"对话框中新建一个工作流，并命名为"基于关联规则的客户购物行为分析"（见图 3-3-1）。

图 3-3-1　创建一个新的工作流

（2）导入原始数据

在"Data"区域中选择"Logis 云端数据"组件，双击该组件，在新出现的对话框中，单击下拉列表按钮，选择数据表"购物篮数据 1"，载入本地数据，如图 3-3-2 所示。

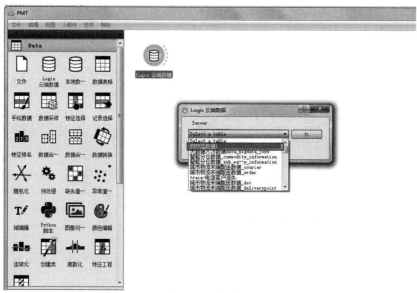

图 3-3-2　导入数据

（3）数据属性的观测与编辑

导入数据后，可以对这些原始数据进行编辑和观测。通过"域编辑"组件进行观测和编辑。具体操作：在"Data"区域中选择"域编辑"组件，双击该组件，在新出现的对话框中实现对属性值的自定义编辑修改，如图 3-3-3 所示。

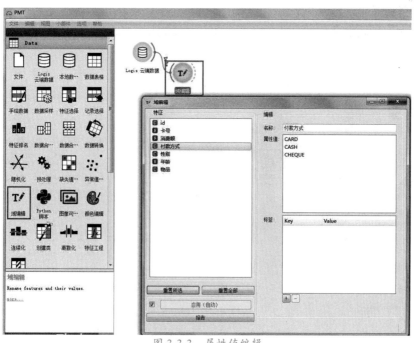

图 3-3-3　属性值编辑

二、探索性数据分析

1.特征字段的选择

原数据中的 id 字段常用来标识记录（即购物记录）的数量，本实训中采用卡号作为购物记录的唯一标识，过滤 id 字段通过"Data"区域中的"特征选择"组件实现，如图 3-3-4 所示。

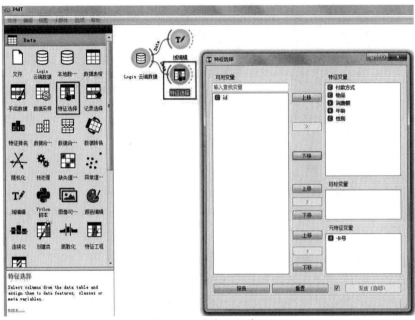

图 3-3-4　过滤无用特征

2.原始数据观测

在"Data"区域中选择"数据表格"组件，并将其与"Logis 云端数据"组件相连，双击打开组件，如图 3-3-5 所示。

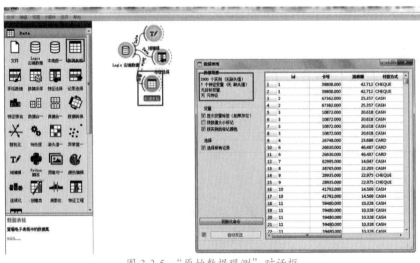

图 3-3-5　"原始数据观测"对话框

"原始数据观测"对话框的左上角"数据简要"区域展现原始数据的基本信息，包括数据的体量（本实训中为 2800 条数据）、特征维度（本实训中有 7 个字段）以及缺失值比率（本实训中无缺失值），无元特征等信息；右侧区域展现原始数据的二维列表。不难发现，这些数据有数值型数据，也有非数值型数据。

3. 数值型字段的离散化处理

在挖掘关联规则时，考虑不同的字段类型：分类型和数值型，算法可以直接处理分类型的字段，对于数值型的字段常常需要做离散化的处理。

常见的离散化处理的方法有等频离散化和等宽离散化。等频离散化即采用记录数值出现的频次来实现相同频次的分段划分，用户可以自定义间隔频次；等宽离散化即采用数值的出现范围来实现相同宽度的分段划分，用户可以自定义间隔宽度。

观察原始数据中消费额的出现范围是 10.007~49.886 元，年龄的出现范围是 16~50 岁，因此可考虑等宽离散化处理，间隔宽度设置为 3。

具体操作如下：在"Data"区域中选择"离散化"组件，并将其与"特征选择"组件相连，双击打开"离散化"组件，如图 3-3-6 所示。

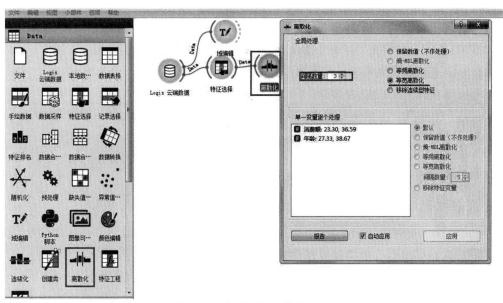

图 3-3-6　数值型字段离散化处理

从图 3-3-6 中可以发现，消费额的两个分段点分别是 23.30 元和 36.59 元，年龄的两个分段点分别是 27.33 岁和 38.67 岁。

4. 利用分布图进行数据分析

为了探测原始数据中隐含的信息，可采用一些可视化的方式。

例如，本实训中需要探测顾客的年龄对其付款方式的影响，具体操作为：在"Visualize"区域中引入"分布图"组件，并将其与"离散化"组件相连，双击打开组件，具体配置如图 3-3-7 所示。

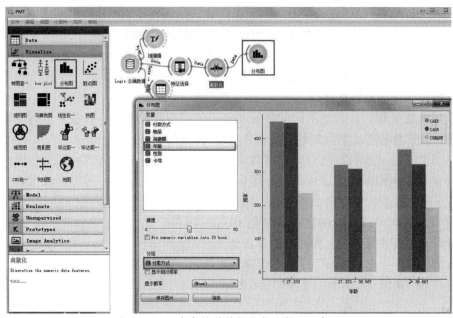

图 3-3-7　顾客年龄对付款方式的影响分布图

从图 3-3-7 中可以看出，年龄小于 27.333 岁的顾客偏好使用刷卡和现金支付。进一步，本实训想观测顾客的性别对其付款方式的影响，如图 3-3-8 所示。

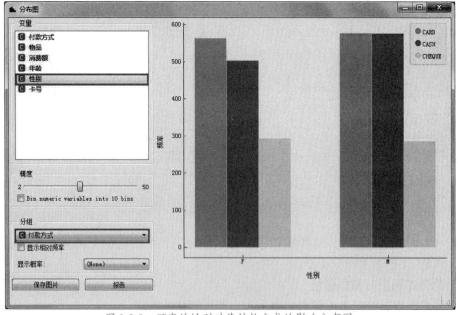

图 3-3-8　顾客的性别对其付款方式的影响分布图

通过图 3-3-8 不难发现，男性顾客与女性顾客大多偏好刷卡与现金付款，采用支票的支付形式占据一小部分，且男性顾客采用刷卡与现金付款的支付方式占比差异很小，女性顾客采用刷卡支付的方式更显优势。

5. 利用马赛克图进行数据分析

本实训也可以通过马赛克图实现更为深层次的观测。具体操作：在"Visualize"区域中引入"马赛克图"组件，并与"离散化"组件相连，双击打开"马赛克图"对话框。

首先，本实训试图通过性别的差异来观测顾客购物偏好状况，即观测"性别"与"物品"之间的关联。具体操作：在"马赛克图"对话框中的内部颜色配置选项中选择"性别"，第一个配置框中选择"物品"，如图 3-3-9 所示。

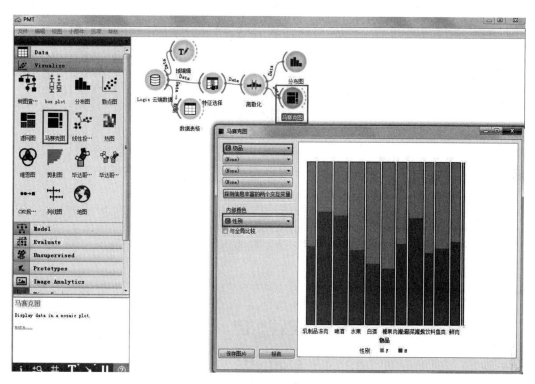

图 3-3-9　通过性别差异观测购物偏好

在图 3-3-9 中，每一根条形柱表征历史购买物品的男性顾客与女性顾客的数量上的占比情况，红颜色（图中为深灰色）代表男性顾客占比，蓝颜色（图中为浅灰色）代表女性顾客占比。不难发现：男性顾客主要偏好购买冻肉、啤酒和蔬菜罐头，女性顾客偏好购买水果、白酒、糖果、乳制品以及软饮料。

其次，本实训再切入一个维度（如年龄），进一步探测不同年龄、不同性别在购物偏好方面的差异。具体操作是在第二个配置框中选择年龄，如图 3-3-10 所示。

从图 3-3-10 中可以发现：第一，年龄低于 27.333 岁以及高于 38.667 的顾客更愿意购买乳制品，其中男性顾客与女性顾客占比大致各一半；第二，从年龄段的差异上看，顾客购买冻肉的差异不明显，但每个年龄段上男性顾客占比很大，均达到 70% 左右；第三，年龄低于 27.333 岁的顾客更愿意购买水果，占比达到 52.17%，性别上差异不明显；第四，女性顾客偏好购买白酒、糖果，占比达到 65%，但年龄段的差异不明显；第五，低年龄段的顾客更喜欢购买鱼类食品，占比达到近 60%，但性别上的差异不明显。

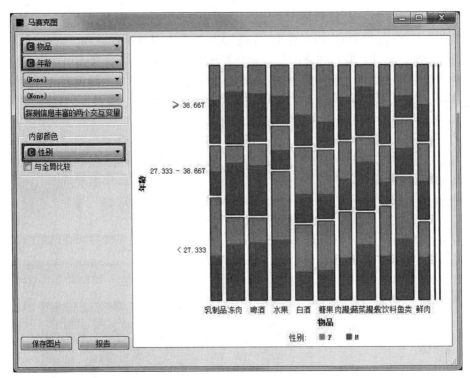

图 3-3-10　性别及年龄段差异对顾客购物偏好的影响

三、关联规则的建立与挖掘

二维码 3-3-4　模型构建和结果输出

　　基于规则中涉及的数据维数，关联规则可以划分为单维和多维的。在单维关联规则中，只涉及数据的一个维度，即处理单个属性中的关系；在多维关联规则中，要处理的数据涉及多个维度，即处理多个属性之间的关系。例如，尿布 => 啤酒，这条规则只涉及用户购买的物品；性别 = "女" => 物品 = "水果"，这条规则涉及两个字段的信息，是两个维度上的关联规则。

1. 多维关联规则的构建

　　第一步，从 "Associate" 区域中选择 "关联规则" 组件，双击将其打开，在出现的 "关联规则" 对话框中配置合适的参数。考虑到数据量太大，支持度和置信度的设定比较难以确定。因此，在此实训中，设置最小支持度为 5%，最小置信度为 50%（注意，对话框中的 "包含条目" 为空）。其中，最小支持度是定义好的前项支持度，提高阈值会使规则减少，甚至找不到规则；反之降低阈值则会导致规则太多，难以一一解释，实际指导意义不大，因此在本实训中控制规则数目在 50 条左右。

第二步，将"关联规则"组件与"离散化"组件相连，结果如图 3-3-11 所示，总共有 38 条规则。

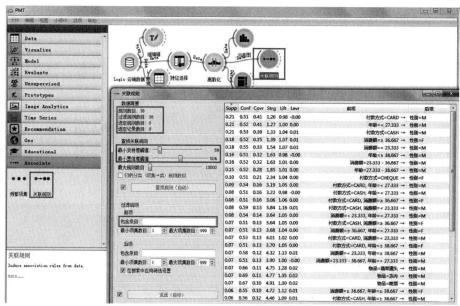

图 3-3-11   产生关联规则

2. 关联规则的进一步观测

为了更有针对性地观测某些维度上产生的关联规则，可在过滤规则栏中进行配置。例如，在"关联规则"对话框的"包含条目"中输入消费额，按〈Enter〉键，如图 3-3-12 所示。

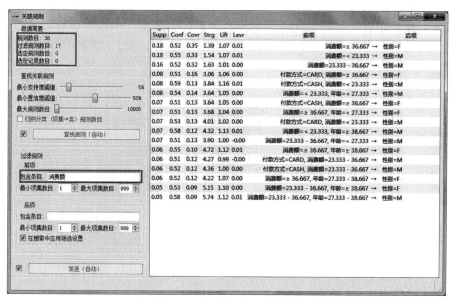

图 3-3-12   与消费额相关的关联规则

从图 3-3-12 中可以发现，与"消费额"相关的关联规则共有 17 条，大多数男性顾客单次消费额低于 36.593 元，大多数女性顾客单次消费额高于 36.593 元。

采用同样的操作，将"包含条目"切换为物品，如图 3-3-13 所示。

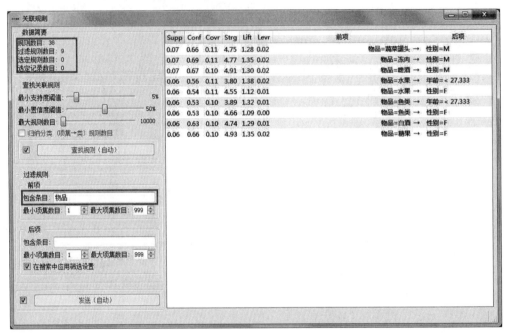

图 3-3-13　与物品相关的关联规则

从图 3-3-13 中可以发现，与前项物品相关的关联规则共有 9 条，其中，女性顾客偏好鱼类、糖果、白酒和水果；男性顾客偏好蔬菜罐头、啤酒和冻肉。

3. 单维关联规则的构建

第一步，在"Data"区域中选择"Logis 云端数据"组件，双击该组件，在新出现的对话框中，单击下拉列表按钮，选择数据表"购物篮数据 2"，通过"特征选择"组件过滤掉与"物品"无关的其他字段（见图 3-5-14）。

二维码 3-3-5　结果解读

第二步，从"Associate"区域中选择"关联规则"组件，双击将其打开，在出现的"关联规则"对话框中配置合适的参数。其中，最小支持度阈值为 10%，最小置信度阈值为 40%。

第三步，将"关联规则"组件与"特征选择"组件相连，输出规则如图 3-3-15 所示。

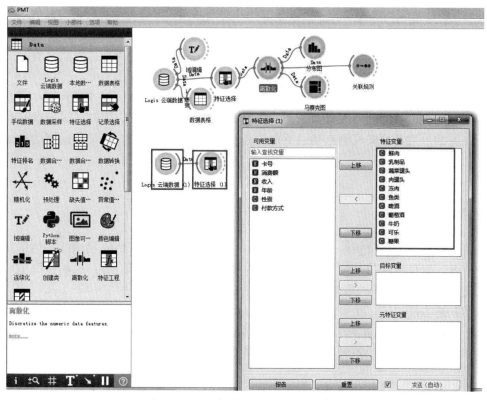

图 3-3-14 过滤与"物品"无关的特征

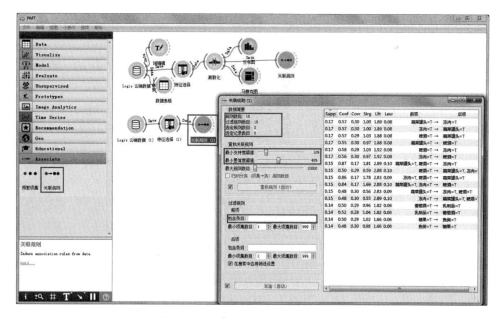

图 3-3-15 单个维度产生的关联规则

透过规则 2、3、4、5、6、9、10、11、12、13、14、15,可以发现涉及的商品都是蔬菜罐头、啤酒和冻肉,且提升度大多高于 2,相关性很强,因此建议超市适当增加这三种商品的库存量，在处理商品货架摆放位置时，可以考虑将这些商品摆放于相近的位置，方便顾客选购。

透过规则 7 和规则 16，可以发现葡萄酒和乳制品具有较强的关联性，因此建议将这两种商品摆放于相邻位置，特别是在节假日促销时，可将葡萄酒作为主打商品与乳制品进行组合促销，设定一些优惠政策来吸引顾客购买。

透过规则 1 和规则 8，可以发现鱼类和糖果具有较强的关联性，这本是风马牛不相及的商品，考虑到商品类型差异太大，鱼类属于生鲜区域，可以考虑在生鲜区域设置一小块货架用于放置糖果类食品来观测市场的反应。若销量出现明显增长，则可以适当增加糖果的放置货架。

拓展与思考

本实训构建的关联分析模型基于 FP‐growth 关联规则挖掘算法，规则的评估依赖于规则的支持度、置信度和提升度。产生的规则中提升度（Lift）都大于 1，说明规则前后的相关性比较强，因此得出的关联规则条目具有较好的指导意义。

请思考并练习：

第一，本实训只是观测了"性别"与"物品"之间的关联，以及不同年龄、不同性别顾客在购物偏好方面的差异，类似上述操作，可自行切换或者增加其他维度来进行深入探测。

第二，本实训构建的多维关联规则，只观测了与消费额、物品的关联，可以增加观测角度进行进一步观测。

第三，本实训根据经验设定了最小支持度和最小置信度，可以自行调整参数来观测产生的关联规律，进行更全面的分析。

二维码 3-3-6　练一练

基于决策树的电信流失客户预警与分析

实训背景

近年来，随着国内电信行业的分割，三大电信运营商忙于开拓市场，抢夺更多的市场份额，而对已有客户的流失管理却得不到应有的重视。随着客户流失率的不断增加，特别是高价值客户的流失，电信企业出现"增量不增收"的局面。因此，如何准确有效地进行客户流失预测，并且制定科学合理的客户挽留策略挽留客户，从而最大限度地降低客户的流失率，已成为目前电信运营商亟需解决的重要问题。

二维码 3-4-1　导学

实训分析

一、实训目标分析

某国内大型电信企业在运营过程中积累了海量的客户历史交易数据以及客户个人数据。本实训试图利用数据挖掘技术，准确分析在不同维度上客户流失的形态，并构建一个精准的电信客户流失预警系统，准确地报告高危可能流失的客户情况，从而为企业制定科学、合理的客户挽留机制提供战略支撑。具体而言，包括两大任务：

1）深入分析电信客户历史交易数据，运用数据挖掘技术从多个维度精准刻画历史电信客户流失形态并产生报告。

2）运用决策树（C4.5）算法构建电信客户流失预测模型，通过客户的个人信息以及历史交易信息精确预测流失可能性大的客户。

二、实训流程分析

根据上述实训目标的分析，本实训操作流程如下：

（1）数据观察与载入

深入理解已有数据字段的作用，理解数据特征的含义，对业务场景有足够的把握，并将原始数据载入 PMT 平台。

（2）数据清洗

检测缺失字段，过滤掉缺失值比重超过 70% 的属性特征，对其他存在缺失值的属性进行弥补缺失值处理。

（3）探索性数据分析

通过数据可视化的方式（箱线图、散点图、马赛克图、分布图、线图）深入探索历史流失客户在不同维度上的分布状况。

（4）模型训练与评估

随机采样原始数据集的 70% 作为训练数据集，选用决策树算法构建电信客户流失预警模型，并评估模型的性能。

（5）模型可视化分析

构建树图（树模型图和毕达哥拉斯树图），运用可视化方式，深入观察产生的决策树模型特征。

（6）高潜流失客户聚类分析

建立好的模型用于预测当前客户群体的潜在流失状况并产生报告；精准预测并抽取流失客户，运用聚类分析，实现不同价值层次流失客户的精准划分。

（7）流失客户对策的制定

针对不同类型的潜在流失客户，制定不同的客户挽留策略和价值提升策略。

核心知识点

二维码 3-4-2　知识点串讲

决策树的生成过程就是使用满足划分准则的特征不断地将数据集划分为纯度更高、不确定性更小的子集的过程。对于当前数据集的每一次划分，都希望根据某特征划分之后的各个子集的纯度更高、不确定性更小。那么，特征选择准则主要是信息增益、信息增益率和基尼系数。除此之外，模型性能衡量标准有 ROC、查准率、查全率等。

1. 熵和信息熵

熵（希腊语：entropia，英语：entropy）的概念是由德国物理学家克劳修斯于 1865 年提出的。熵在希腊语源中意为"内在"，即"一个系统内在性质的改变"，公式中一般记为 S。1948 年，香农将统计物理中熵的概念引申到信道通信的过程中，从而开创了"信息论"这门学科，熵又被称为"香农熵"或者"信息熵"。

信息熵（Information Entropy）是信息论中用于度量信息量的一个概念。一个系统越是有序，信息熵就越低；反之，一个系统越是混乱，信息熵就越高。所以，信息熵也可以说是系统有序化程度的一个度量。

2. 信息增益和增益率

信息增益（Information Gain）就是分类前样本数据集的信息熵和分类后样本数据集的信息熵之差。在信息增益中，衡量标准是看特征能够为分类系统带来多少信息，带来的信息越多，该特征越重要。对一个特征而言，系统有它和没它时信息量将发生变化，而前后信息量的差值就是这个特征给系统带来的信息量。所谓信息量其实就是熵。

信息增益的价值可以如此理解：对于待划分的数据集，其信息熵（前）是一定的，但是划分之后的信息熵（后）是不定的，信息熵（后）越小说明使用此特征划分得到的子集的不确定性越小（也就是纯度越高），因此信息熵（前）减去信息熵（后）的差异越大，说明使用当前特征划分数据集 D，其纯度上升得越快。在构建最优的决策树的时候，总希望能更快速地到达纯度更高的集合，因此，总是选择使信息增益最大的特征来划分当前数据集。

信息增益的缺点在于：会偏好可取值数目多的属性，可能导致决策树泛化能力弱。究其原因，当特征的取值较多时，根据此特征划分更容易得到纯度更高的子集，划分之后的熵更低，由于划分前的熵是一定的，信息增益更大，因此信息增益比较偏向取值较多的特征。

为了解决这个问题，C4.5 决策树算法不直接采用信息增益，而是使用"增益率"（Gain Ratio）来选择最优划分属性。增益率的本质是在信息增益的基础上乘以一个惩罚参数（即增益率 = 惩罚参数 × 信息增益）。特征个数较多时，惩罚参数较小；特征个数较少时，惩罚参数较大。

3. 基尼系数

基尼系数（Gini Index）又叫基尼指数、基尼不纯度，表示在样本集合中一个随机选中的样本被分错的概率。基尼系数越小表示集合中被选中的样本被分错的概率越小，也就是说集合的纯度越高，反之集合纯度越低。

4. ROC 和 AUC

ROC 全称是"受试者工作特征"（Receiver Operating Characteristic）。ROC 曲线的面积就是 AUC（Area Under the Curve）。AUC 用于衡量"二分类问题"机器学习算法的性能（泛化能力）。

ROC 曲线是反映敏感性和特异性连续变量的综合指标，是用构图法揭示敏感性和特异性的相互关系，它通过将连续变量设定出多个不同的临界值，从而计算出一系列敏感性（真阳性）和特异性（假阳性），再以敏感性为纵坐标、（1– 特异性）为横坐标绘制曲线，曲线下的面积越大，分类准确性越高。

5. 混淆矩阵

对于二分类问题，可将样例根据其真实类别与学习器预测类别的组合划分为真阳性（True Positive，TP）、假阳性（False Positive，FP）、真阴性（True Negative，TN）、假阴性（False Negative，FN）四种情形，令 TP、FP、TN、FN 分别表示其对应的样例数，显然 TP+FP+TN+FN = 样例总数。分类结果的"混淆矩阵"（confusion matrix）见表 3-4-1。

表 3-4-1　分类结果的混淆矩阵

真实情况	预测结果	
	正例	反例
正例	TP（正阳性）	FN（假阴性）
反例	FP（假阳性）	TN（真阴性）

6. 查准率和查全率

一般而言，查准率（Precision Ratio，简称为 P）是指检出的相关文献数占检出文献总数的百分比。查准率反映检索准确性，其补数就是误检率。查全率（Recall Ratio，简称为 R），是指检出的相关文献数占系统中相关文献总数的百分比。查全率反映检索的全面性，其补数就是漏检率。

对于二分类问题，查准率 P 和查全率 R 的定义式分别为：

$$P=\frac{TP}{TP+FP}$$

$$R=\frac{TP}{TP+FN}$$

7. 缺失值弥补的方法和方式

决策树有一个很大的优势，就是可以容忍缺失数据。缺失值弥补的常见方法包括：①不做任何处理，保持数据原始形态（Don't impute）；②按照字段所在列的平均值或者出现频率最高的值进行缺失值弥补（Average/Most frequent）；③用特值进行缺失值补全，但是一般很少使用该方法（As a distinct value）；④基于简单树的缺失值补全，但是方法复杂，时间成本很高（Model-based imputer）；⑤随机值弥补（Random values）；⑥移除存在缺失值的记录（行）（Remove instances with unknown value）（见图 2-4-1）。

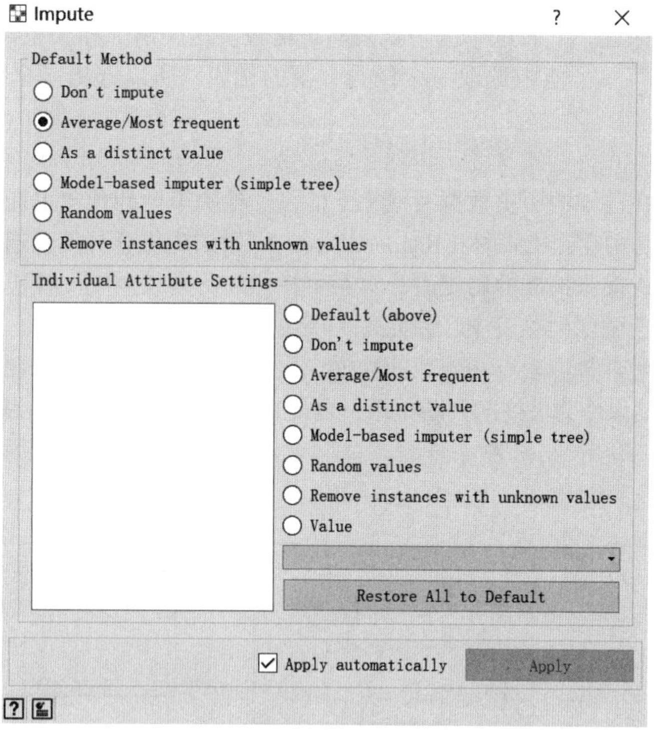

图 3-4-1　缺失值弥补的对话框（PMT 平台）

缺失值弥补分为全局处理（PMT 中的 Default Method）和局部处理（PMT 中的 Individual Attribute Settings）两种方式。如果选择全局处理的方式，将会对所有存在缺失值的字段进行数据处理。而在一些特殊的场景下，用户希望对不同的字段采用不同的方法进行数据缺失值补全，可采用局部处理的方式，先选中字段，再选择字段处理方法。

8. 处理数值型数据

决策树主要解决分类问题（结果是离散数据），如果结果是数字，则不会考虑这样的事实：有些数字相差很近，有些数字相差很远。为了解决这个问题，可以用方差来代替熵或基尼不纯度。

9. 过度拟合

决策树对训练数据可以得到很低的错误率，但是运用到测试数据上却会得到非常高的错误率。过度拟合的原因有以下几点：

1）噪声数据：训练数据中存在噪声数据，决策树的某些节点由噪声数据作为分割标准，导致决策树无法代表真实数据。

2）缺少代表性数据：训练数据没有包含所有具有代表性的数据，导致某一类数据无法很好地匹配，这一点可以通过观察混淆矩阵（Confusion Matrix）分析得出。

3）多重比较：举个例子，股票分析师预测股票涨或跌。假设分析师都是靠随机猜测，也就是他们正确的概率是0.5。每一个人预测10次，那么预测正确的次数在8次或8次以上的概率为0.0547，只有5%左右，比较低。但是如果50个分析师每个人预测10次，选择至少一个得到8次或以上正确的人作为代表，那么概率为0.9399，概率十分大，随着分析师人数的增加，概率无限接近1。但是，选出来的分析师其实是"打酱油"的，他对未来的预测不能做任何保证。上面这个例子就是多重比较。这一情况和决策树选取分割点类似，需要在每个变量的每一个值中选取一个作为分割的代表，所以选出一个噪声分割标准的概率是很大的。

10. 随机森林

决策树是建立在已知的历史数据及概率上的，一棵决策树的预测可能会不太准确，提高准确率最好的方法是构建随机森林（Random Forest）。所谓随机森林就是通过随机抽样的方式从历史数据表中生成多张抽样的历史表，对每个抽样的历史表生成一棵决策树。由于每次生成抽样表后数据都会放回到总表中，因此每一棵决策树之间都是独立的，没有关联。将多颗决策树组成一个随机森林。当有一条新的数据产生时，让森林里的每一颗决策树分别进行判断，以投票最多的结果作为最终的判断结果，以此来提高正确的概率（见图3-4-2）。

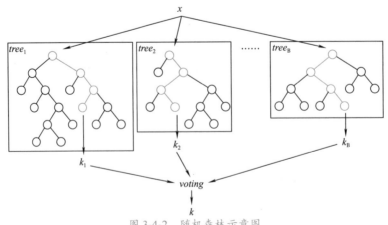

图 3-4-2 随机森林示意图

实训步骤

一、数据观察与载入

1. 数据观察与分析

某电信企业客户流失数据库的数据体量为 1000 条用户记录（行），包含 41 个特征维度（列）。其中，客户所在地区、客户年龄、客户的婚姻状况、客户的住址、收入、学历、工龄、性别、家庭人口等属于静态维度，用时、互联网、语音、传真、长途_长期、长途_近期、无线_长期、无线_近期等属于动态业务维度（见图 3-4-3）。

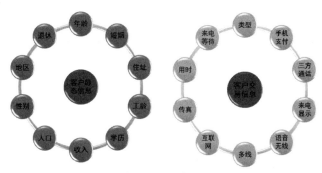

图 3-4-3　某电信企业客户流失数据

2. 数据载入与观测

（1）新建一个工作流

登录 PMT 平台，执行"文件"→"新建"命令，在出现的"工作流信息"对话框中，新建一个工作流，并命名为"电信客户流失预测"（见图 3-4-4）。

图 3-4-4　创建一个新的工作流

（2）导入原始数据

在"Data"区域中选择"Logis 云端数据"组件，双击该组件，在新出现的对话框中，单击下拉列表按钮，选择数据表"train– 电信客户流失"，载入本地数据，如图 3-4-5 所示。

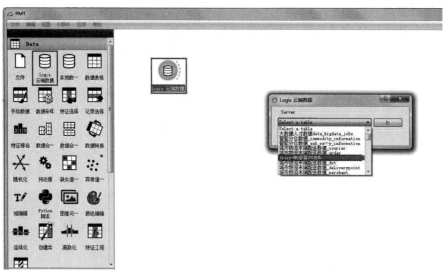

图 3-4-5　导入数据对话框

根据本实训的目标，选择流失特征变量作为目标变量。具体操作：在"Data"区域中选择"特征选择"组件，并与"Logis 云端数据"组件相连，双击该组件，在新出现的对话框中（见图 3-4-6），选择合适的特征变量。

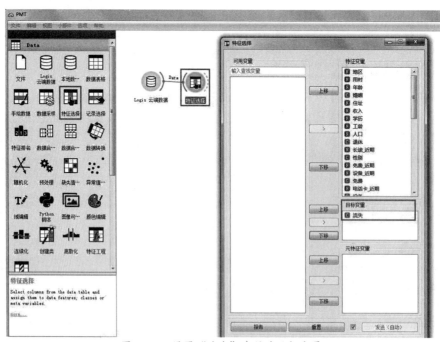

图 3-4-6　设置"流失"字段为目标变量

（3）原始数据观测

在"Data"区域中选择"数据表格"组件，并与"Logis 云端数据"组件相连，双击将其打开，如图 3-4-7 所示。

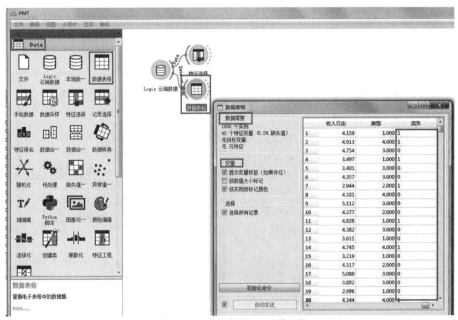

图 3-4-7　原始数据观测对话框

对话框的左上角"数据简要"区域展现原始数据的基本信息，包括数据的体量（本实训中，为 1000 条数据）、特征维度（本实训中有 42 个字段）以及缺失值比率（本实训中，有 5.2% 的缺失值），有无元变量等信息。对话框的右侧区域展现原始数据的二维列表，目标变量处在灰色区域，采用 0、1 表征客户是否流失的信息（0= 未流失，1= 流失）；其余特征变量均做量化处理，例如，在"地区"字段中，采用数值 1、2、3、…表示用户所在地区。

二维码 3-4-3　数据预处理

二、数据清洗

1.缺失值字段检测

观察图 3-4-7 中的原始数据，可以发现存在缺失值的字段主要集中在免费服务日志、电话卡日志、无线日志、设备日志等字段。因此，需要逐一检测每个字段的缺失值比率。

具体操作：

第一步，在"Data"区域中选择"特征选择"组件，并与"Logis 云端数据"组件相连。

第二步，双击"特征选择"组件打开对话框（见图 3-4-8），主体包含四大区域——左侧的过滤字段区域、右侧的特征变量区域、目标变量区域、元特征变量区域。利用特征区域左侧的按钮，将需要检测的字段放入特征区域。

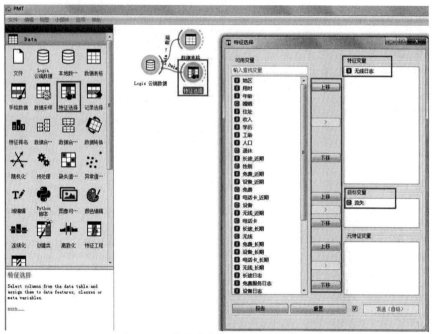

图 3-4-8　筛选需要检测缺失值的字段

第三步，再次选择"数据表格"组件，并与"特征选择"组件相连，如图 3-4-9 所示。

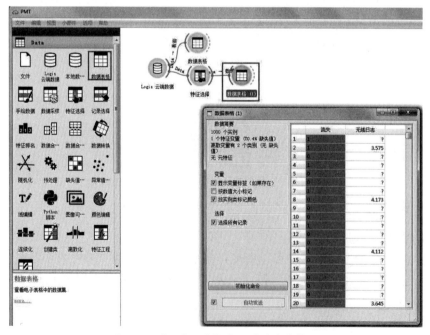

图 3-4-9　"无线日志"字段的缺失值情况

双击打开"数据表格"组件节点，在左上角的"数据简要"区域展现缺失值的比率，如图 3-4-9 所示。"无线日志"字段的缺失值比率达到了 70.4%。其他三个字段（免费服务日志、电话卡日志、设备日志）的缺失值检测类似，不再赘述。

2. 字段的过滤

在数据挖掘领域中，字段的缺失值比率若超过 70%，则会在很大程度上影响模型的构建，一般的处理方法是直接过滤掉，不再考虑该字段。

在上述存在缺失值字段的检测过程中可以发现，只有"无线日志"字段的缺失值比率超过 70%，因此，在后续的分析中，需要将无线日志字段过滤掉。

具体操作：在"Data"区域中选择"特征选择"组件，并与"Logis 云端数据"组件相连；双击"特征选择"组件，在对话框中把"无线日志"字段放入左侧的过滤字段区域，其余字段放入右侧的特征变量区域，如图 3-4-10 所示。

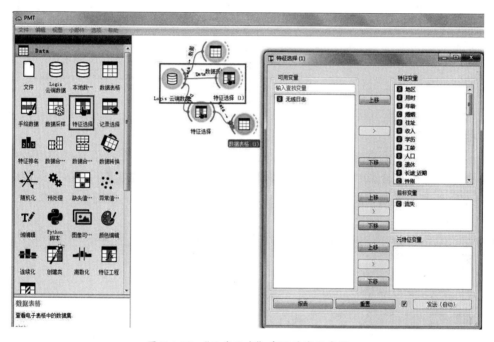

图 3-4-10 "无线日志"字段过滤示意图

3. 缺失值的弥补

其他三个字段（免费服务日志、电话卡日志、设备日志）也存在明显的缺失值情况，需要进行缺失值的弥补。具体操作：在"Data"区域中选择"缺失值处理"组件，并与图 3-4-10 中的"Select Columns（1）"组件相连（见图 3-4-11）。

双击打开"缺失值处理"组件，打开对话框，数据弥补的范围包括：全局弥补以及局部弥补，对应于对话框的左上角以及右下角区域。弥补的方法：按所在特征列的均值 / 频繁项弥补、用特值弥补、基于简单树方法弥补、随机值弥补等。本实训中采取全局弥补，选择按所在特征列的均值 / 频繁项弥补方法。

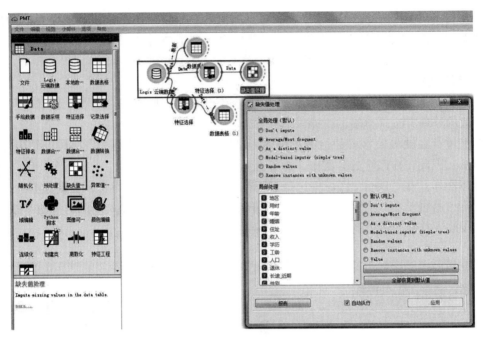

图 3-4-11　缺失值的弥补

4. 相关性检测

为了更为深入地观测特征变量对目标变量的影响程度，需要采取信息增益以及信息增益率等指标对特征变量影响目标变量的程度进行排名。具体操作：在"Data"区域中选择"特征排名"组件，并与"缺失值处理"组件相连，双击将其打开，如图 3-4-12 所示。

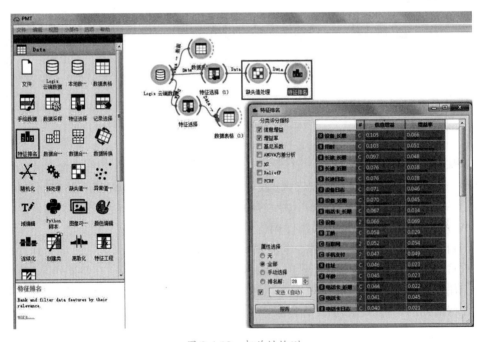

图 3-4-12　相关性检测

采用信息增益以及增益率来探测特征变量对目标变量的影响程度以及排名（在分类预测问题中常采用这两个变量来探测），如图 3-4-12 所示。

三、探索性数据分析

为了深入探测流失客户与非流失客户的静态特征与业务特征，需要采用不同的可视化方式更为直观地进行观察对比。

二维码 3-4-4　探索性特征分析

1. 利用分布图进行数据分析

在"Visualize"区域中选择"分布图"组件，并与"缺失值处理"组件相连，双击"分布图"组件，出现"分布图"对话框，在"分组"中选择流失字段，在"变量"中选择用时。同时，为了消除流失客户与非流失客户数量上的对比差异，勾选"显示相对频率"；为了观测流失客户在某一维度上的中位数分布情况，在"现实概率"中选择 1（见图 3-4-13）。

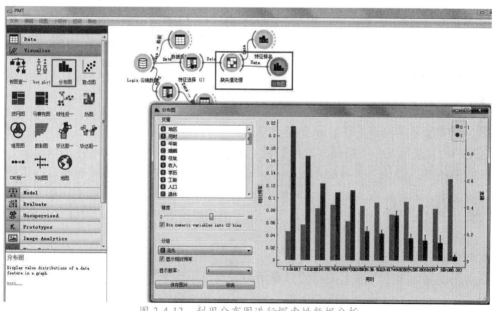

图 3-4-13　利用分布图进行探索性数据分析

图 3-4-13 展现了在"用时"这一维度上电信客户流失与非流失的相对分布图。红颜色及蓝颜色柱状分布图分别表征流失客户与未流失客户在"用时"这一维度上的分布情况。可以发现，客户在用时上呈现逐级递减的趋势，客户流失最严重的情况主要集中于用时较低的区段。在实训中，可以自行选择其他维度进行观测。

2. 利用马赛克图进行数据分析

在实际的业务场景中，往往考虑在多维度交互的情况下去观察数据的分布体态特征。马赛克图为实现这一目标提供了全新的思路。

具体操作：在"Visualize"区域中选择"马赛克图"组件，并与"缺失值处理"组件相连，双击将其打开，如图 3-4-14 所示。

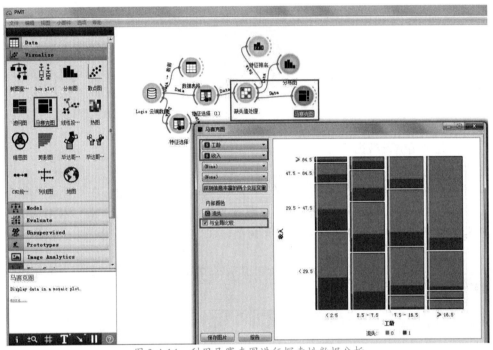

图 3-4-14　利用马赛克图进行探索性数据分析

图 3-4-14 所示的马赛克图，从工龄和收入两个维度交互的情况展现了客户流失情况，每个区块的面积表征某一类特征客户的数量。不难发现，在工龄小于 2.5 年的情况下，客户的收入处于 < 29.5 以及 29.5~47.5 区段，客户的流失率最为严重，均接近 50%；而工龄在 > 16.5 的情况下，客户的收入处于 < 29.5 以及 29.5~47.5 区段其流失情况最不显著。观测两个维度交互的情况下客户流失的分布情况，便于不同特征客户的抽取。勾选"与全局比较"选项，可在各个区块图的左侧展现全局分布情况。

3. 利用散射图进行数据分析

散射图能展现多个维度下数据的分布情况，也可以用来进行探索性数据分析。具体操作：在"Prototypes"区域中选择"框图"组件，并与"缺失值处理"组件相连，双击将其打开，如图 3-4-15 所示。

从图 3-4-15 中可以观测出，在工龄最短、收入最低的这一类客户群中，流失情况最为严重。进一步，单击"锐化"按钮，缩小散射图，增加可观察的分布区块，增大观测客户分布特征的细粒度，如图 3-4-16 所示。

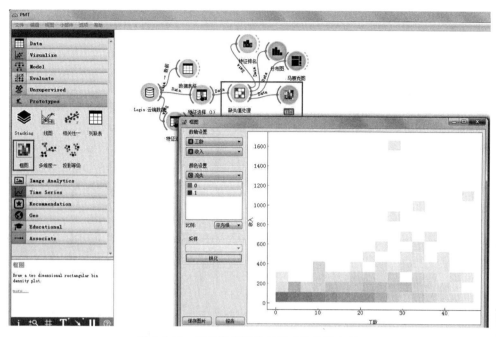

图 3-4-15　利用散射图进行探索性数据分析

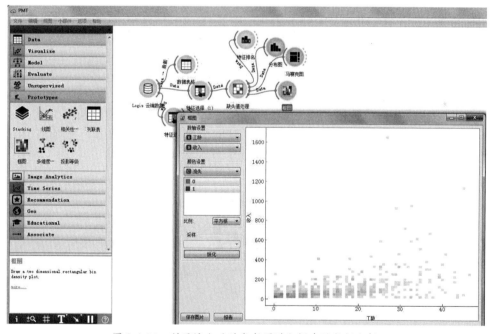

图 3-4-16　利用缩小后的散射图进行探索性数据分析

4. 利用热图进行数据分析

热图能从直观数值化的角度观测流失客户与非流失客户在各个维度上的分布情况。具体操作：在"Visualize"区域中选择"热图"组件，并与"缺失值处理"组件相连，双击将其打开，如图 3-4-17 所示。

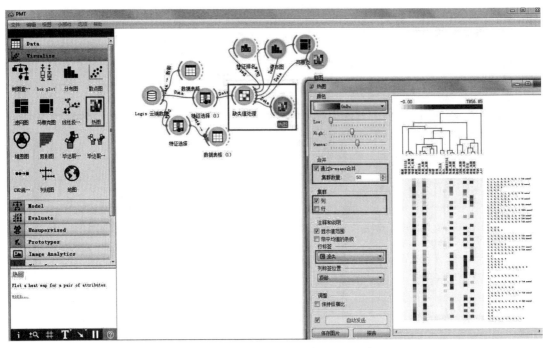

图 3-4-17　利用热图进行探索性数据分析

在客户是否流失维度下，热图可以在视觉上很直观地观测不同客户在不同维度上的分布情况，颜色越深，其值越大。

四、模型训练与评估

该电信企业的客户流失预测是个典型的二分类问题，目标变量取值仅为流失或者不流失。决策树算法具有适用性强、算法简单、模型结构易于理解等特点，因此采用决策树（C4.5）算法来训练模型。

二维码 3-4-5　模型训练与评估

1. 基于决策树（C4.5）算法构建训练模型

具体操作：

第一步，在"Evaluate"区域中选择"模型评估"组件，并与"缺失值处理"组件相连。

第二步，在"Model"区域中选择"决策树"组件，并与"模型评估"组件相连。

第三步，双击打开该"决策树"组件，如图 3-4-18 所示。

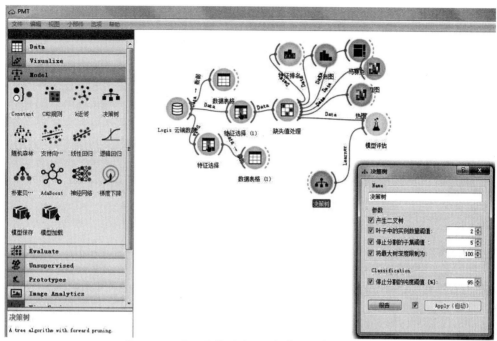

图 3-4-18　基于决策树（C4.5）算法构建训练模型

第四步，在图 3-4-18 所示的"Tree"对话框中，进行简单的参数配置——在"参数"区域中，默认勾选"产生二叉树"，表示模型内部将只产生二叉树；默认勾选"叶子中的实例数量阈值"，表示可以调整每一层叶子节点产生最小阈值；默认勾选"停止分割的子集阈值"，表示可以调整分割子集的最小阈值；默认勾选"将最大树深度限制为"，表示可以设定产生树模型的深度最大阈值。在"Classification"区域中，默认勾选"将最大树深度限制为"，可以设定树模型停止分裂的纯度最小阈值。本实训中数据体量不大，所有参数默认即可。

2. 新建训练模型的评估——基于相关参数

双击打开"Test & Score"组件（即"模型评估"组件），可观测衡量训练模型性能的各项指标。由于本实训中未设置测试样本，在图 3-4-19 中出现的"模型评估"组件对话框中，直接勾选"Test on train data"即可。

图 3-4-19 显示，新建训练模型的精准率和召回率分别达到了 0.969 和 0.916，训练模型性能较好。

3. 新建训练模型的评估——基于通过 ROC 曲线分布

为了更好地评估新建训练模型，可进一步通过 ROC 曲线分布进行观测。具体操作：在"Evaluate"区域中选择"ROC 曲线分析"组件，并与"模型评估"组件相连，双击将其打开，如图 3-4-20 所示。

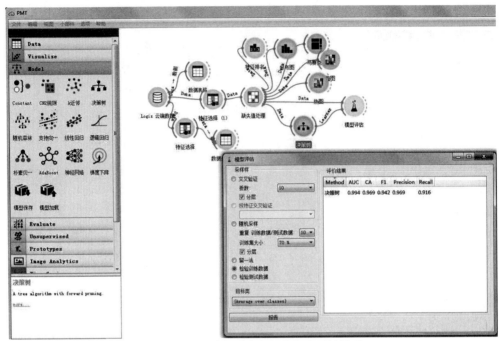

图 3-4-19　通过相关参数评估新建训练模型

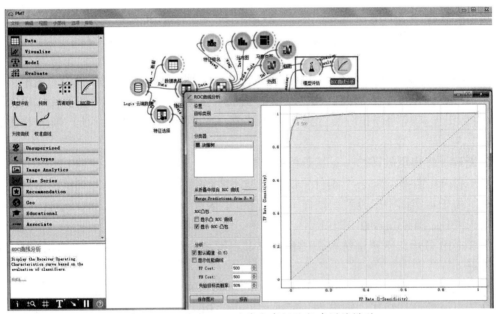

图 3-4-20　通过 ROC 曲线分布评估新建训练模型

　　在 ROC 曲线上，最靠近坐标图左上方的点为敏感性和特异性均较高的临界值。ROC 曲线下面积越大，分类准确性越高。从图 3-4-20 中可以发现，其临界值为 0.500，ROC 曲线面积接近于 1，模型的精准度很高。

4. 新建训练模型的评估——基于混淆矩阵

　　混淆矩阵常用来观察训练模型中真阳性、假阳性、真阴性、假阴性上的分布情况，以便衡量训练模型的广度和精准度。

　　具体操作：在"Evaluate"区域中选择"Confusion Matrix"组件（即"混淆矩阵"组件），并与"Test & Score"组件（即"模型评估"组件）相连，双击将其打开，如图 3-4-21 所示。

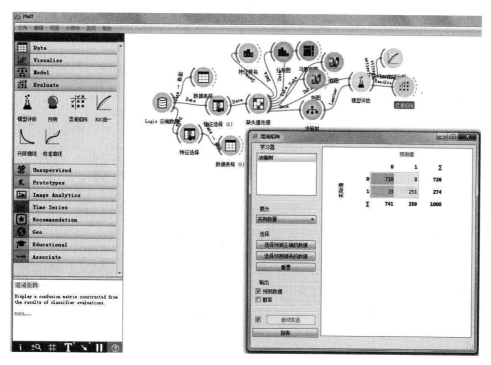

图 3-4-21　通过混淆矩阵评估新建训练模型

　　通过图 3-4-21 所示的混淆矩阵，不难发现新建训练模型的查准率和查全率都相当高，其中，查准率为 0.97［718/（718+23）］，查全率为 0.99［718/（718+8）］。

五、训练模型的可视化分析与保存

　　为了更加直观地观测新建训练模型的内部结构，可采用一些可视化方式。

1. 基于树图的训练模型可视化分析

　　第一步，将"决策树"组件与"缺失值处理"组件相连；

　　第二步，在"Visualize"区域中选择"树图查看器"组件，并与"Tree"组件相连，并双击打开，如图 3-4-22 所示。

　　在图 3-4-22 所示的树图对话框中，可以观测模型的内部结构。为了更好地展现其内部结构，可通过调整"控制深度"选项来选择树图展现的层数（图 3-4-22 为 4 层），通过调节大小、调节宽度的进度条来调整树图的大小以及宽度。

2. 基于毕达哥拉斯树的训练模型可视化分析

　　毕达哥拉斯树是可视化树模型内部结构的另外一种思路，具有高度的交互特点，可以生动地展现树模型的生长历程。具体操作：在"Visualize"区域中选择"毕达哥拉斯树图"

组件，并与"决策树"组件相连，双击将其打开，如图 3-4-23 所示。

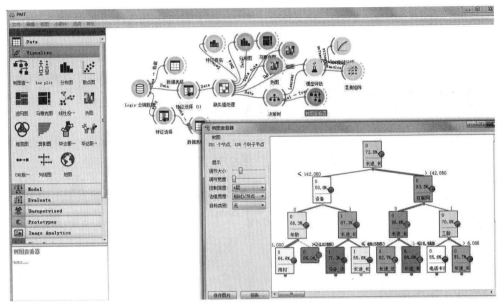

图 3-4-22 基于树图的训练模型可视化分析

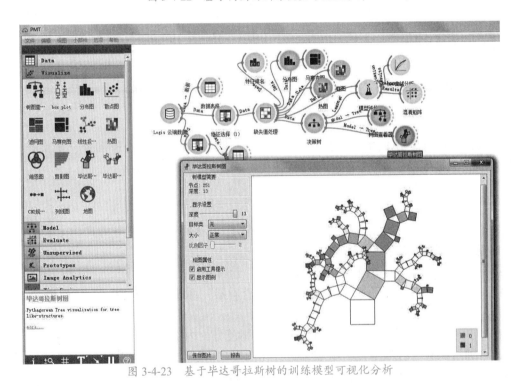

图 3-4-23 基于毕达哥拉斯树的训练模型可视化分析

3. 训练模型保存

在"Model"区域中选择"模型保存"组件，并与"Tree"组件相连，双击打开"模型保存"组件，将模型保存至本地地址，如图 3-4-24 所示。

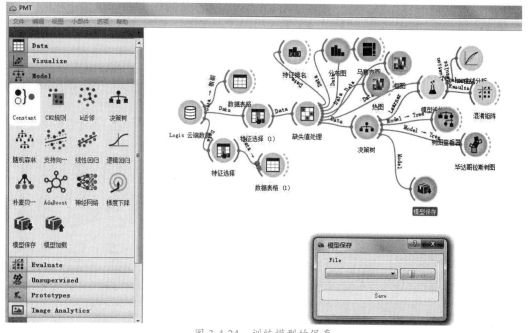

图 3-4-24　训练模型的保存

六、流失客户聚类分析

二维码 3-4-6　预测及流失客户价值聚类

1. 模型部署及预测

训练模型的最终目的是希望能将性能较好的模型部署到真实的业务场景中去预测客户在未来一段时间的流失情况，以便管理者制定相关的客户挽留措施，以做出精准的营销决策。具体操作如下。

第一步，在"Data"区域中选择"Logis 云端数据"组件，双击该组件，在新出现的对话框中，单击下拉列表按钮，选择数据表"prediction-电信客户流失"，载入本地数据。

第二步，在"Data"区域中选择"特征选择"组件，并与"File"组件相连，过滤掉无线日志字段（具体操作参见图 4-10"无线日志"字段过滤示意图）。

第三步，在"Evaluate"区域中选择"预测"组件，并与"Select Columns"相连。

第四步，在"Model"区域中选择"模型加载"组件，并与预测组件相连。

第五步，双击预测组件，观察预测结果，如图 3-4-25 所示。

"预测"对话框的左侧区域展现的是决策树模型预测的结果，其中，"1"表示预测流失，"0"表示预测不流失。

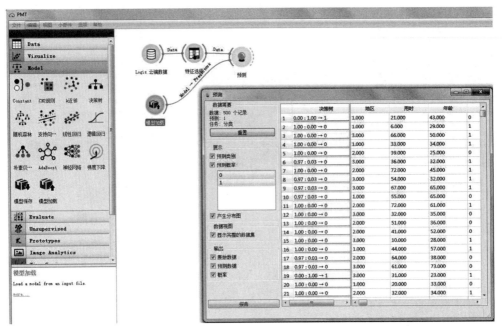

图 3-4-25　客户流失预测

2. 潜在流失客户价值聚类

二维码 3-4-7　结果解读

为了更好地支撑业务决策，需要将预测流失的客户精准地抽取出来，并选取能够衡量客户价值的字段进行聚类，最终将不同价值层次的客户精准地抽取出来。具体操作如下。

第一步，在"Data"区域中选择"记录选择"组件，并与"预测"组件相连，双击将其打开，选择预测为流失的客户。

第二步，在"Data"区域中选择"特征选择"组件，并与"记录选择"组件相连，过滤无关字段（本实训中，最终保留的字段有：用时、年龄、收入、学历、工龄、设备 _ 近期、长途 _ 长期、无线 _ 长期、人口、类型）操作结果如图 3-4-26 所示。

第三步，在"Unsupervised"区域中选择"K-means"组件，设定聚类的数目（本实训中选择聚类数目为 5。在实际任务中，可选择其他聚类数目，观测对比聚类的效果）。

第四步，为了衡量聚类模型的效果，采用箱线图来直观地衡量。在"Visualize"区域中选择"box plot"组件，并与"K-means"组件相连，双击将其打开，如图 3-4-27 所示。

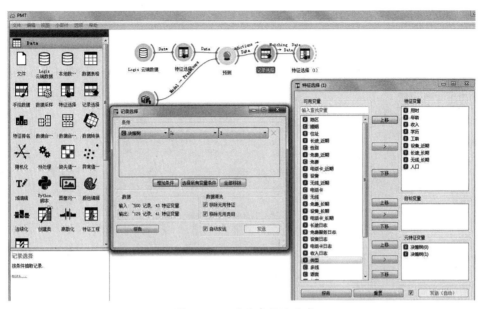

图 3-4-26　无关字段的过滤

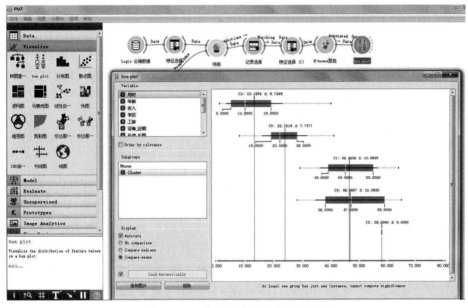

图 3-4-27　基于箱线图现实聚类效果

在箱线图中可以逐一观测聚类以后不同类别的客户在不同维度的分布情况。从图 3-4-27 中可以发现，不同类别的客户在各个维度上的区分度、差异性都比较大，聚类模型的效果较为理想（一般情况下，60% 以上的维度上不同类别差异性较大的聚类模型可认为是理想聚类模型）。

第五步，在"Data"区域中选择 5 个"记录选择"组件，并与"K-means"组件相连，将不同类别客户（不同价值层次的客户）精准地抽取出来，并与"数据表格"组件相连，如图 3-4-28 所示。

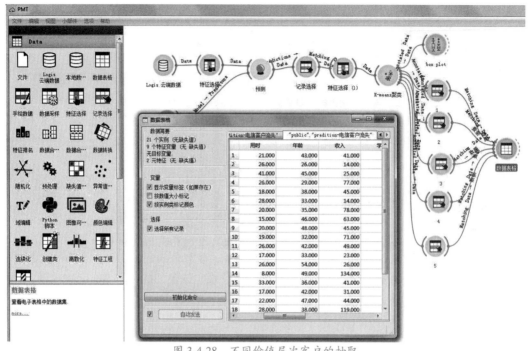

图 3-4-28　不同价值层次客户的抽取

在图 3-4-28 中，5 个"记录选择"组件分别筛选了 5 类流失客户，并通过"数据表格"组件得以显示。每一类客户在用时、收入、学历、设备_近期、长途_长期、无线_长期等维度上的表现各不相同。

拓展与思考

本实训基于决策树（C4.5）算法，构建了流失客户预警模型，并根据最新客户数据，预测了可能的流失客户，进行聚类，得到 5 类不同价值客户。后续需要进一步分析这些客户的特征（在用时、收入、学历、设备_近期、长途_长期、无线_长期等维度），例如，利用马赛克图，可视化分析这 5 类客户，C1 类型客户在用时、年龄交叉分析中，特征表现为用时小于 5.5，同时，年龄在 27.5~33.5 之间岁；而 C2 类客户，在用时、年龄交叉分析中，特征表现为学历在 3.5~4.5 之间，同时，用时在 41.5~46 之间（见图 3-4-29）。

请思考并练习：

第一，如何通过合适的可视化方式，挖掘不同类别客户的特征。

第二，如何通过给不同类别的客户打标签，区分其价值层次。

第三，针对不同类型的潜在流失客户，如何制定不同的客户挽留策略和价值提升策略。

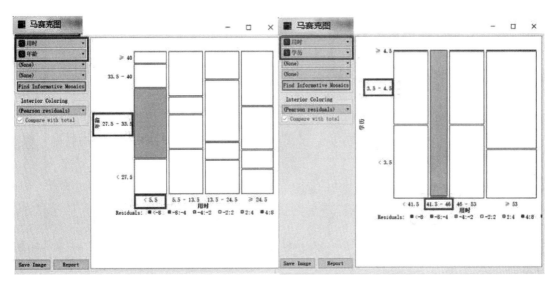

图 3-4-29　不同客户特征分析示意图（基于马赛克图）

二维码 3-4-8　练一练

基于神经网络算法的共享单车需求预测

实训背景

共享单车系统是近期兴起的一种共享交通系统，一般在居住区、商业中心、交通枢纽等人流集聚区域以及旅游景点附近设置密集站点，配备一定数量的共享单车，向用户提供通过手机 APP 等方式使用共享自行车的服务，同时利用物联网技术、通信技术、计算机软件平台以及大数据分析等进行运营、调度、监控、管理，具有高效、智能的特点。

共享单车在城市交通中优势明显，对现有的城市公交系统构成有力的补充完善。共享单车以外的其他城市公交系统，因考虑到成本效益比，都有站间距较大的特点（500m 以上），超过了舒适和快捷步行的距离；且地铁和公交车的站点较大，建设要求高，难以深入到小街巷和居民区内部。而共享单车密度较高，间距较近，能够弥补地铁和公交车的缺陷，是市民实现从住宅到其他公交站点的"最后一公里"交通以及不同在交通工具间换乘的理想交通方式。

共享单车系统是规模效应产品，其使用量受多重因素影响，主要包括：区域行人密度、区域单车密集度、租用押金、租金、工作日、假期、温度、天气、风速等。

二维码 3-5-1　导学

实训分析

二维码 3-5-2　实训分析

一、实训目标分析

通过深入挖掘历史共享单车区域需求数据，从多个维度刻画需求变动规律，构建精准的区域共享单车需求预测模型，为平台管理者制订更加科学化的管理方案提供重大战略支撑。

二、实训流程分析

根据上述任务目标的分析，本实训操作流程如下：

（1）数据观察与载入

深入理解已有数据字段的作用，理解数据特征的含义，充分理解共享单车的业务场景，并将原始数据载入 PMT 平台。

（2）探索性数据分析

运用 PMT 提供的多种可视化手段，观测共享单车需求的分布情况。

（3）模型构建

利用"K-means 聚类"组件，构建共享单车聚类模型，并进行可视化分析。

（4）共享单车需求预测分析

确定已有数据特征，采用 BP 神经网络算法构建共享单车需求预测模型，并进行某个城市的共享单车需求预测。

核心知识点

二维码 3-5-3 知识点串讲

1. 神经网络算法参数设置涉及的基本概念

神经元又称神经细胞，是构成神经系统结构和功能的基本单位。人的神经系统中大约包含 860 亿个神经元，它们之间通过 $10^{14} \sim 10^{15}$ 数量级的突触（synapses）进行连接。图 3-5-1 显示了一个神经元和它抽象出的数学模型。每个神经元会从它的树突（dendrites）获得输入信号，然后再将输出信号传给它的轴突（axon）。轴突再通过突触和其他神经元的树突相连。

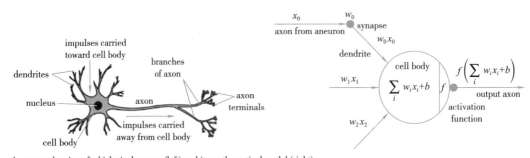

A cartoon drawing of a biological neuron (left) and its mathematical model (right).

图 3-5-1 人脑神经元与抽象出来的数学模型

在神经元的数学模型中，轴突所携带的信号（例如，x_0）通过突触进行传递，由于突触的强弱不一，假设以 w_0 表示，那么传到下一个神经元的树突处的信号就变成了 $w_0 x_0$。其中突触强弱（参数 w）是可训练的，它控制了一个神经元对另一个神经元影响的大小和方向（正负）。然后树突接收到信号后传递到神经元内部（cell body），与其他树突传递过来的信号一起进行加和，如果这个和的值大于某一个固定的阈值，则神经元就会被激活，然后传递冲激信号给树突。在数学模型中假设传递冲激信号的时间长短并不重要，只有神经元被激活的频率用于传递信息。将是否激活神经元的函数称为激活函数（activation function f），它代表了轴突接收到冲激信号的频率。

2. 几种常见的激活函数

（1）Sigmoid 函数

Sigmoid 非线性激活函数的形式是 $\sigma(x)=1/(1+e-x)$，其图形如图 3-5-2a 所示。Sigmoid 函数输入一个实值的数，然后将其压缩到 0~1 范围内。大的负数被映射成 0，大的正数被映射成 1。Sigmoid 函数在历史上流行过一段时间，因为它能够很好地表达"激活"的意思，未激活就是 0，完全饱和的激活则是 1。而如今 Sigmoid 函数已经不在常用范畴之内了，主要是因为其存在两个缺点。

第一，Sigmoid 容易饱和，当输入非常大或者非常小的数时，神经元的梯度就接近于 0，从图 3-5-2a 中可以看出梯度的趋势。这就使得在反向传播算法中反向传播接近于 0 的梯度，导致最终权重基本没什么更新，就无法递归地学习到输入数据。

第二，Sigmoid 的输出不是 0 均值的，这是人们不希望得到的，因为这会导致后层神经元的输入是非 0 均值的信号，这会对梯度产生十分重大的影响。

（2）Tanh 函数

Tanh 函数是 Sigmoid 函数的变形：$\tanh(x)=2\sigma(2x)-1$。Tanh 函数和 Sigmoid 函数存在异曲同工之妙，它的图形如图 3-5-2b 所示，不同的是它把实值的输入压缩到了 –1~1 的范围，因此它基本是零均值的，也就解决了上述 Sigmoid 函数缺点中的第 2 个，所以实际中 Tanh 函数会比 Sigmoid 函数更常用，但它还是存在梯度饱和的问题。

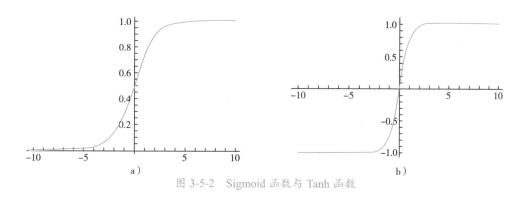

图 3-5-2　Sigmoid 函数与 Tanh 函数

（3）ReLU 函数

近年来，ReLU 函数越来越受欢迎，它的数学表达式是：$f(x)=\max(0,x)$。其图形如图 3-5-3a 所示。

从图 3-5-3a 中可以看出：输入信号＜0 时，输出为 0；输入信号＞0 时，输出等于输入。因此，ReLU 函数的优点在于：第一，收敛速度相较 Sigmoid/Tanh 快很多；第二，计算成本低。ReLU 函数的缺点是：ReLU 函数在训练的时候很"脆弱"，一不小心有可能导致神经元"坏死"。例如，由于 ReLU 函数在 x＜0 时梯度为 0，这会导致负的梯度在这个 ReLU 被置零，而且这个神经元有可能再也不会被任何数据激活。

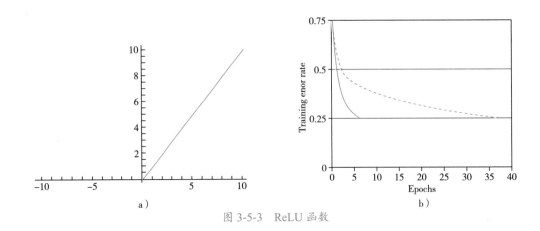

图 3-5-3　ReLU 函数

3. 相关的评估指标

RMSE——均方根误差，也称标准误差。若真实值为 y=（y1，y2，…，yn），模型的预测值为 y^=（y^1，y^2，…，y^n），那么该模型的 RMSE 计算公式为

$$RMSE = \sqrt{\frac{\sum_{i=1}^{n}(y_i - \hat{y}_i)^2}{n}}$$

相关的指标还有：MSE 为均方误差，MAE 为平均绝对误差，R^2 为模型拟合度。

实训步骤

一、数据观察与载入

二维码 3-5-4　数据观察与载入

1. 数据观察与分析

本实训分析的是共享单车区域需求的历史数据，数据体量为 10 000 条，每条记录表征某一城市某一区域在特定时间段上的共享单车需求量，特征的详细信息见表 3-5-1。

表 3-5-1　原始数据特征列表

特征	类型	含义
id	数值型	记录编号，无实际意义
y	数值型	一小时内共享单车需求量
city	分类型	该记录发送的城市
hour	数值型	当前的时间，精确到小时

（续）

特征	类型	含义
is_workday	分类型	1 表示工作日，0 表示周末或节假日
temp_1	数值型	当时的气温，单位为摄氏度
temp_2	数值型	当时的体感温度，单位为摄氏度
weather	数值型	当时的天气状况，数值越大，天气状况越糟糕
wind	数值型	当时的风速，数值越大，风速越大

2. 数据载入与观测

（1）新建一个工作流

登录 PMT 平台，执行"文件"→"新建"命令，在出现的"工作流信息"对话框中，新建一个工作流，并命名为"基于神经网络算法的共享单车需求预测"（见图 3-5-4）。

图 3-5-4　新建工作流

（2）导入原始数据

在"Data"区域中选择"Logis 云端数据"组件，双击该组件，在新出现的对话框中，单击下拉列表按钮，选择最后一个数据表"共享单车_train"，载入本地数据，如图 3-5-5 所示。

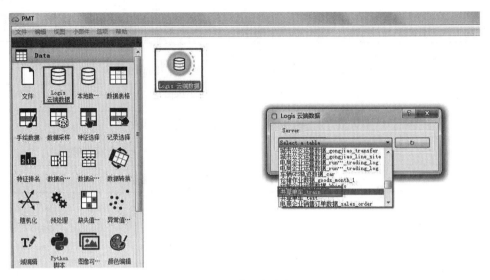

图 3-5-5 载入本地数据

（3）原始数据观测与编辑

在"文件"对话框中的特征区域，用户可以进一步观测到分类型属性的属性值（如本实训的 city 字段，结果只有 0 和 1）；用户可以通过双击属性名称、属性数据类型来实现自定义编辑。当然，用户也能通过"域编辑"组件来实现属性值的自定义编辑修改。

如图 3-5-6 所示，本实训中字段"is_workday"原来的属性值为 0 和 1，通过"域编辑"组件，将属性值"0"更新为"非工作日"，属性值"1"更新为"工作日"。

使用同样的操作，将字段"city"的属性值 0 和 1 替换为"城市 1"和"城市 2"。

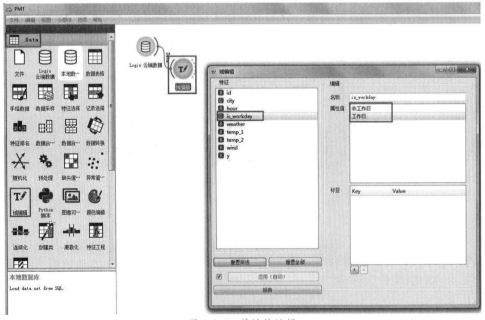

图 3-5-6 属性值编辑

二、探索性数据分析

为了可视化观测共享单车需求的分布情况，本实训通过分布图、马赛克图等方式分析不同城市之间、工作日与非工作日之间共享单车需求的分布情况。

1. 不同城市之间共享单车需求的分布情况

首先，本实训观测不同城市之间共享单车需求的分布情况。具体操作：

第一步，在"Visualize"区域中引入"分布图"组件，并与"域编辑"组件相连，双击打开"分布图"组件。

第二步，在"分组"配置区域选择"city"，在"变量"设置区域选择"y"（该字段含义是"一小时内共享单车需求量"）。

第三步，通过滑动"精度"滑轨上的小方块，选择合适的精度，得到如图 3-5-7 所示的柱状分布图。

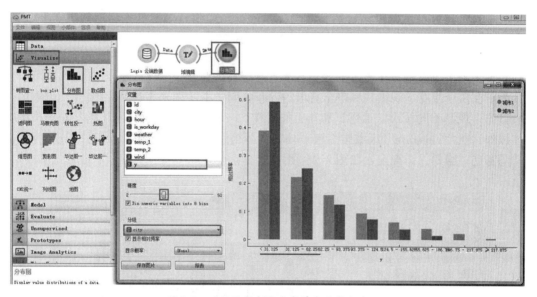

图 3-5-7　不同城市间共享单车需求分布

从图 3-5-7 可以发现，每小时共享单车需求量在小于 62.25 辆的区间内，城市 2 需求量略高；在超过 62.25 辆的区间段上，城市 1 的需求量明显更为旺盛。

2. 工作日与非工作日共享单车的需求分布情况

进一步，本实训观察工作日与非工作日共享单车的需求分布情况。在图 3-5-7 的基础上，在"分组"配置区域选择"is_workday"，图 3-5-7 就转变成了图 3-5-8。

从图 3-5-8 可以发现，工作日共享单车的需求量（红色柱形图）相较非工作日差异极为显著；在不同需求段上，工作日的需求量远远高于非工作日的需求量。这也验证了在一些主要城市，共享单车已经成为上班族主要的出行方式。

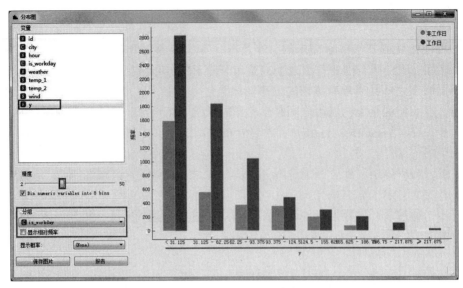

图 3-5-8　工作日与非工作日共享单车需求分布

3. 多个维度下共享单车需求的分布状况（基于马赛克图）

为了在多个维度下观测共享单车需求的分布状况，本实训采用马赛克图。

首先，观测不同城市、工作日和非工作日在"一小时内共享单车需求量"的分布情况。
具体操作：在"Visualize"区域中引入"马赛克"组件，并与"域编辑"组件相连，双击打
开"马赛克"组件，详细配置如图 3-5-9 所示。

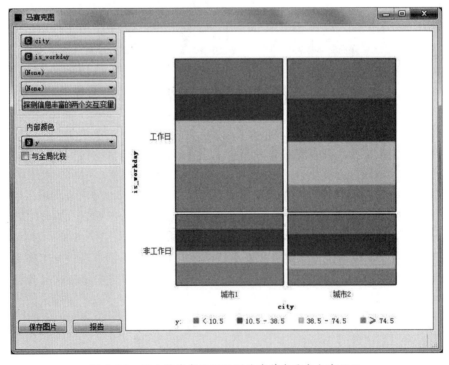

图 3-5-9　两个维度交互下观测共享单车需求分布状况

　　将光标放置在对应的区块位置，可以观测到城市 1 在不同需求区段（从低到高）上的占比为 23.3%、17%、28.6%、31%；可以观测到城市 2 在不同需求区段（从低到高）上的占比为 26.3%、28%、28.3%、17.4%。因此，同在工作日的维度下，每小时共享单车需求量分布，城市 1 整体上较城市 2 更为旺盛。

　　其次，增加第三个维度"气温"来观测当时所处时间点的气温状况对共享单车需求量的影响，详细配置如图 3-5-10 所示。

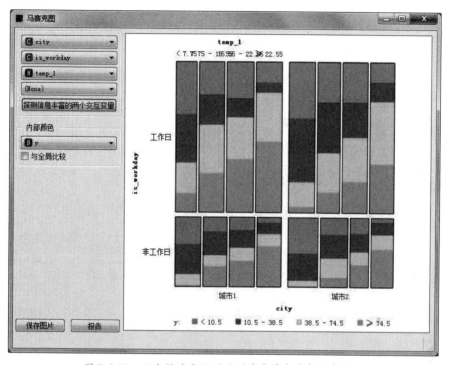

图 3-5-10　三个维度交互下观测共享单车需求分布状况

　　在马赛克图的不同区块中，可以非常清晰地观测到，随着气温的上升，两城市的共享单车的需求量都呈现逐级上升的趋势，尤其是城市 1 在工作日，共享单车的需求量随气温的变化极为显著（图 3-5-10 中橙色部分，明显上升）。

三、共享单车需求聚类模型构建与可视化分析

二维码 3-5-5　共享单车需求聚类分析

　　为了进一步分析多个维度下共享单车的需求分布状况，从而帮助平台管理者更有针对性地实现单车的区域性数量调拨，最大化满足客户的需求，提高利润，最小化共享单车由

于调拨不科学所造成的闲置浪费，本实训构思采用 K-means 算法来实现共享单车需求快速聚类。

1. 共享单车需求聚类模型构建

由于 K-means 算法不支持非数值型变量的输入，此外进一步考虑所选变量对聚类模型的合理性，采用共享单车需求量 y、气温 temp_1、体感温度 temp_2、风速 wind 作为聚类模型的输入，选择城市 1 作为研究的对象（读者可自行观测城市 2 的聚类模型）。

具体操作：

第一步，选择需要被聚类的记录，本实训中是"城市 1"。从"Data"区域中选择"记录选择"组件，双击将其打开，在条件栏中选择"city"字段，并筛选城市 1 作为对象，如图 3-5-11 所示。

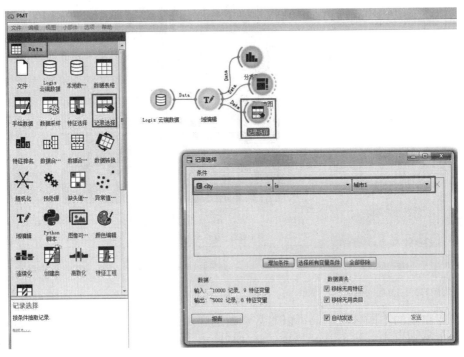

图 3-5-11　记录选择

第二步，过滤无用字段。即从"Data"区域中选择"特征选择"组件，并与"记录选择"组件相连，双击将其打开，详细配置如图 3-5-12 所示。

第三步，设置聚类参数，完成聚类建模。从"Unsupervised"区域中选择"K-means 聚类"组件，配置完参数。考虑到时间的维度以及早高峰、晚高峰对共享单车需求量的影响，暂且将聚类的簇数设置为"4"，将"重复运行次数"设置为"20"，其余参数默认不变。配置参数后，与"特征选择"组件相连，如图 3-5-13 所示。

2. 共享单车需求聚类结果可视化（基于箱线图）

聚类建模完毕后，采用箱线图来直观观测聚类模型中各个类别在不同维度上的分布状况。具体操作：

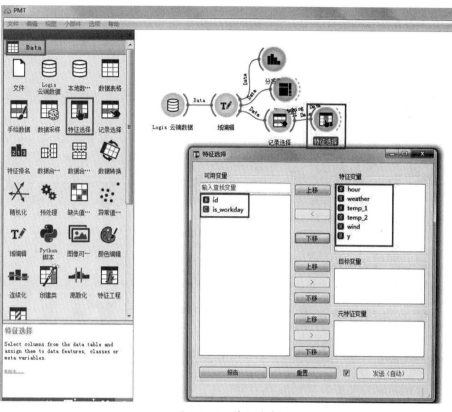

图 3-5-12　特征过滤

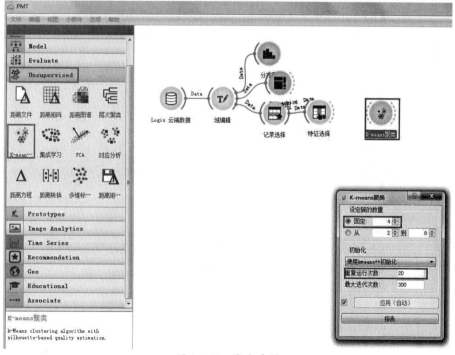

图 3-5-13　聚类建模

第一步，从"Visualize"区域中选择"箱线图"组件，并与"K-means 聚类"组件相连，双击将其打开，在"Subgroups"配置区域中选择"Cluster"，在"Variable"变量区域中选择需求量 y，如图 3-5-14 所示。

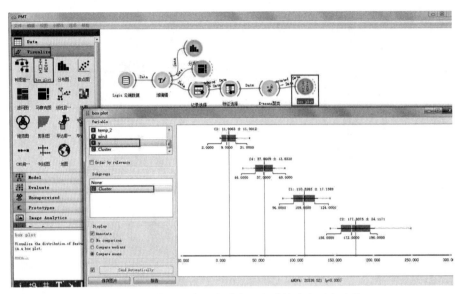

图 3-5-14　聚类模型在共享单车需求量维度上的分布情况

从聚类模型的箱线图中可以观察到，各个簇在共享单车需求量维度上区分度极好，能有效将不同簇区分开来。其中从需求均值来看，各个簇从高到低分别为 C3（177.3075）、C2（110.5285）、C1（57.8609）、C4（11.9063），需求极差达到了 249。

第二步，观测各个簇在气温维度上的分布状况（选择"temp_1"），如图 3-5-15 所示。

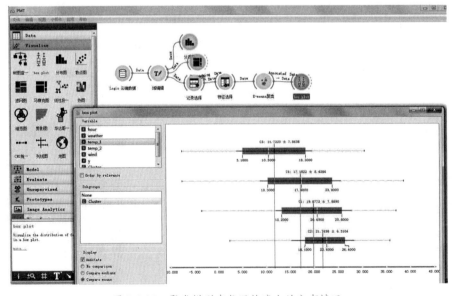

图 3-5-15　聚类模型在气温维度上的分布情况

对比气温均值，各个簇从高到低分别为 C3（21.7638）、C2（19.8772）、C1（17.1822）、C4（11.7223），进一步验证了气温的高低与共享单车的需求量呈现正相关的关系。

第三步，探测不同簇之间天气状况的分布情况（选择"weather"），如图 3-5-16 所示。

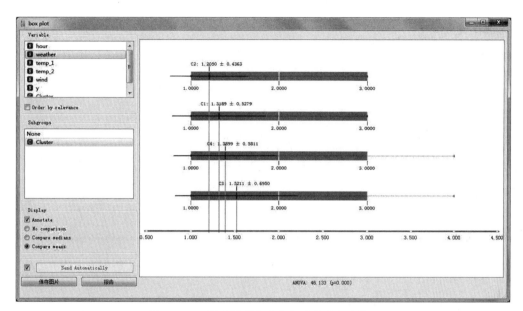

图 3-5-16　聚类模型在天气维度上的分布情况

对比天气均值，各个簇从高到低分别为：C4（1.5222）、C1（1.3911）、C2（1.3172）、C3（1.2076）。天气数值越大表征天气状况越糟糕，较好地验证了共享单车的需求量与天气维度呈现负相关的关系。

3. 共享单车需求聚类结果可视化（基于分布图）

聚类建模完毕后，也可以采用分布图来直观观测聚类模型中各个类别在不同维度上的分布状况。具体操作：

第一步，在"Visualize"区域中引入"分布图"组件，并与"K-means 聚类"组件相连，双击打开"分布图"组件。

第二步，在"变量"设置区域中选择"hour"（该字段含义是"当前的时间，精确到小时"），在"分组"配置区域中勾选"显示相对频率"复选框，保持默认"cluster"不变。

第三步，通过滑动"精度"滑轨上的小方块，选择合适的精度，得到如图 3-5-17 所示的柱状分布图。

从图 3-5-17 可以发现，C3 簇在 8~9 点、16~18 点两个时段上出现了极为明显的峰值，反映出了需求量旺盛的 C3 簇主要集中于早高峰以及晚高峰期间，而需求量最为低迷的 C4 簇主要集中在晚上 10 点至凌晨 6 点。

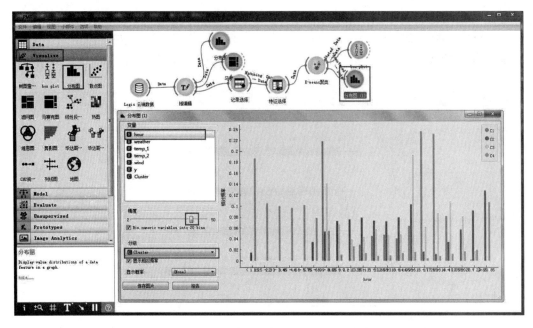

图 3-5-17 不同簇之间在时间段上的分布情况

四、共享单车需求预测模型构建

二维码 3-5-6 共享单车需求预测模型构建

由于本数据集中包含数值型以及分类型特征，BP 神经网络算法通常在非线性的场景中具有良好的拟合性以及泛化能力，因此构思采用 BP 神经网络算法构建共享单车需求预测模型。

1. 预测数据的特征选择

具体操作：

第一步，定义好目标变量以及特征变量。从"Data"区域中引入"特征选择"组件，将其命名为"基于城市 1 的用户特征选择"，将"y"设置为目标变量，将"id"设置为元特征变量，并与"记录选择"组件相连，如图 3-5-18 所示。

2. 生成训练集

本实训对原始数据进行随机采样，采用 70% 的原始数据集作为训练集，剩余 30% 的原始数据作为验证集。具体操作：从"Data"区域中引入"数据采样"组件，双击打开该组件，在"数据采用方法"中选择第一项"固定采样比例"并将数值调整为 70%"。配置完参数后与"基于城市 1 的用户特征选择"组件相连，如图 3-5-19 所示。

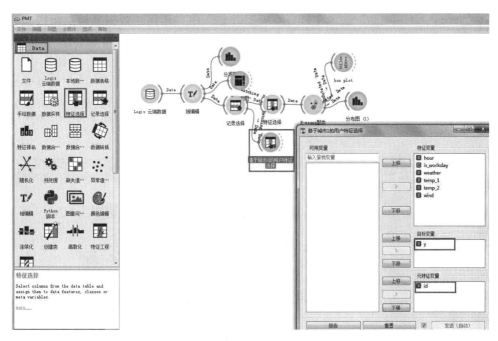

图 3-5-18　特征选择

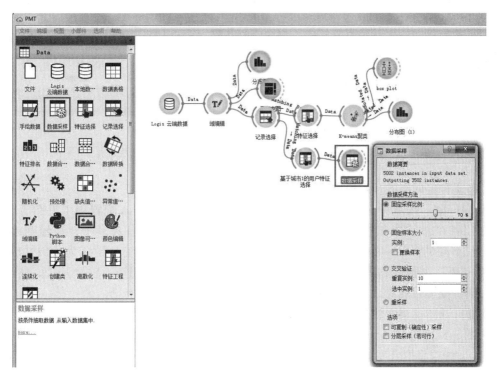

图 3-5-19　数据采样

3. 模型评估的构建

为了评估训练模型的性能，需要设置好模型评估。具体操作：

第一步，从"Evaluate"区域中选择"模型评估"组件，将"数据采样"组件中的数据流引至"模型评估"组件。

第二步，双击打开两个组件之间的连接线，在出现的"Edit links"对话框中，"Data sample"和"Data"已经相连；按住鼠标左键拖动，将"Remaining Data"和"Test Data"相连，如图 3-5-20 所示。此时，意味着将采样的 70% 作为训练数据集，剩余的 30% 作为验证数据集。

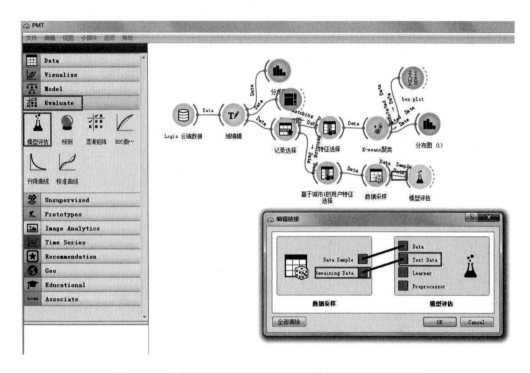

图 3-5-20　编辑"模型评估"和"数据采样"组件之间的链接

4. 基于神经网络的预测模型构建

从"Model"区域中选择"神经网络"组件并双击打开，进入配置项（见图 3-5-21）。为了对比各个激活函数在该场景中训练模型性能上的差异，引入多个"神经网络"组件，配置不同的激活函数。在神经网络对话框中，将"Solver"统一设置为收敛性较好的"L–BFGS–B"，其他参数采用默认配置，并与"模型评估"组件相连，待模型训练完毕。

5. 训练模型性能对比

双击打开"模型评估"组件，训练模型性能参数如图 3-5-22 所示。

从图 3-5-22 可以看出，激活函数为 Tanh 下的 BP 神经网络模型，RMSE 值最小为 14.125，训练模型拟合度最佳，其次是激活函数 Logistic 下的 BP 神经网络模型，RMSE 值为 17.943，略逊前者，激活函数 Identity 下的 BP 神经网络模型性能最差，拟合度最糟糕。

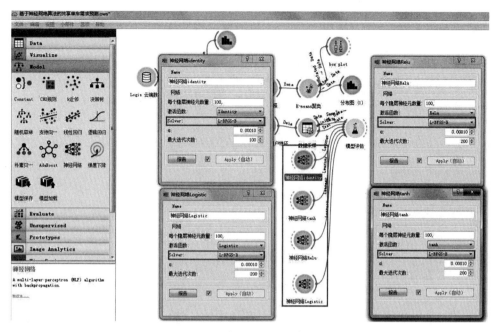

图 3-5-21　"神经网络"的参数设置

图 3-5-22　训练模型性能参数

　　打开"模型评估"组件，切换至检验测试数据选项，待模型执行完毕，如图 3-5-23 所示。

　　从图 3-5-23 可以看出，模型在测试集下的性能参数可以进一步反映 BP 神经网络模型的泛化能力，精度最高的模型还是激活函数为 Tanh 下的 BP 神经网络模型，其 RMSE 在测试集下达到 17.882，较训练集下的 14.125 略有上升，但幅度不大，拟合度 R^2 为 0.886，较训练模型下的拟合度 R^2（为 0.930）下降了 0.044，下降幅度很小，再次验证了该模型的强泛化性能。

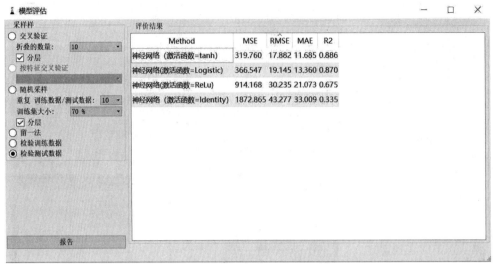

图 3-5-23　模型在测试集下的性能参数

用户可以进一步将训练好的预测模型保存至本地，将"特征选择"组件中的数据流引入激活函数为 Tanh 的"神经网络"组件，从"Model"区域中选择"模型保存"组件，并与该"神经网络"组件相连，用户可自定义保存的路径与模型名称，如本实训中命名为 city=0，如图 3-5-24 所示。

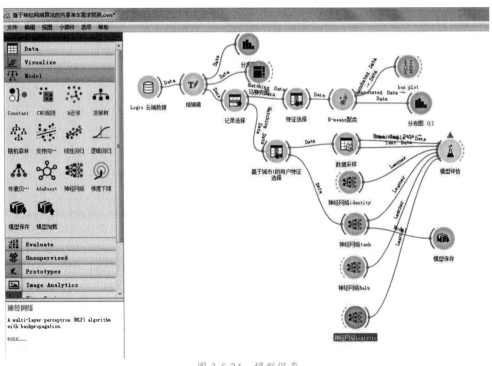

图 3-5-24　模型保存

6. 模型部署预测

二维码 3-5-7　模型部署预测

用户在保存完训练模型之后，希望在新的场景中使用模型来预测未来一段时间（不同时间点）共享单车需求量的情况。预测思路如下：在"Data"区域中选择"Logis 云端数据"组件，双击该组件，在新出现的对话框中，单击下拉列表按钮，选择最后一个数据表"共享单车 _test"，载入本地数据。由于训练数据来自城市 1 的数据集，因此需采用"记录选择"组件选择城市 1 的数据集，再次通过"特征选择"组件定义好输入特征，过滤无关特征变量，通过"模型加载"组件，加载已经保存至本地的模型，"预测"组件用以观测预测结果，完整工作流，如图 3-5-25 所示。

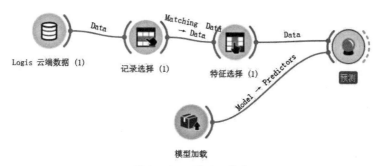

图 3-5-25　预测工作流

打开"预测"组件，预测结果如图 3-5-26 所示。当然也不排除预测为负数的情况出现，这种情况一般采用归零化处理。

图 3-5-26　城市 1 的共享单车需求预测结果

拓展与思考

回归到业务场景中，本实训的业务目标是构建精准的区域共享单车需求预测模型，因此，该模型的精准性至关重要。请思考并练习：基于城市 2（即在图 3-5-11 中选择"城市2"），重新完成本实训的所有操作，对比有哪些不同，并思考产生差异的原因。

二维码 3-5-8　拓展与思考

基于逻辑回归算法的信用风险预测

实训背景

信用风险也可以称为违约风险，是指借款人、证券发行人或交易对方因种种原因，不愿或无力履行合同条件而构成违约，致使银行、投资者或交易对方遭受损失的可能性。

另外，随着资本市场的迅速发展、融资的非中介化、证券化趋势以及金融创新工具的大量涌现，信用风险的复杂性也日益显著。以财务比率为基础的统计分析方法不能够充分反映借款人和证券发行人的资产在资本市场上快速变化的动态价值，鉴于此，基于数据挖掘的信用评估方法已经普遍得到重视。

从分析对象来看，信用风险评估包括个人信用评分、企业信用评级和职业信用评价等，本实训中介绍的是个人信用评分，即通过使用科学严谨的分析方法建立信用评分模型，综合考察消费者个人各方面的基本信息和信用信息，并进行量化分析，以分值形式给出消费者的信用评分。

二维码 3-6-1　导学

实训分析

二维码 3-6-2　实训分析

一、实训目标分析

建立信用评估系统，当把信用卡用户的信息导入该系统时，系统会自动输出用户的违约风险及违约风险程度，为信用卡用户的管理提供决策支持。

二、实训流程分析

根据上述实训目标的分析，本实训操作流程如下：

（1）数据观察与载入

深入理解已有数据字段的作用，理解数据特征的含义及其实际的应用场景，并将原始数据载入 PMT 平台。

（2）数据筛选

本实训有 2% 的缺失率，仔细分析这些缺失字段，发现主要集中在"违约"字段。因此，确定了先筛选出"违约"字段为 0 或者 1 的记录（记录为 0 表示没有违约，记录为 1

表示该客户违约），用于预测模型的构建。

（3）模型构建与评估

首先，分别基于套索回归（L1）和岭回归（L2）构建模型；其次，评估两种方式对所构建模型性能的影响。

（4）违约客户的预测与显示

采用新构建的预测模型，预测未知违约标签的信用卡客户（本实训中，就是"违约"字段有缺失值的那些客户），并根据违约概率，抽取生成高、中、低风险违约客户，分别显示。

核心知识点

二维码 3-6-3　知识点串讲

逻辑回归虽然名字里带"回归"，但是实际上是一种分类方法，主要用于二分类问题（即输出只有两种，分别代表两个类别）回归模型中，y 是一个定性变量，比如 y=0 或 1，logistic 方法主要应用于研究某些事件发生的概率。逻辑回归训练速度快，算法简单易于理解，能容易地更新模型吸收新的数据。本实训中，主要涉及 k- 折交叉验证方法和基于混淆矩阵的精度、召回率。

1. k- 折交叉验证方法

训练集不同，得到的模型往往差异也比较大，测试的性能也就不同。有两种常用的策略处理这个问题：其一是多次随机地将 2/3 的数据作为训练集用于建模，而将剩下的 1/3 数据用于测试，最后用多次测试的平均水平来评价模型的性能；其二是使用交叉验证策略。在样本量不大时往往采用第二种策略。k- 折交叉验证方法的思想是，将原始数据集随机划分成 k 个互不相交的子集 D_1、D_2、……、D_k，每个子集的大小相等，然后进行 k 次训练和检验过程：

第一次，使用子集 D_2、D_3、……、D_k 一起作为训练集来构建模型，并在 D_1 上检验；

第二次，使用子集 D_1、D_3、……、D_k 一起作为训练集来构建模型，并在 D_2 上检验；

……

在第 k 次迭代，使用子集 D_k 检验，其余的划分子集用于训练模型。这里用于训练的样本子集都为 k-1 次，并且用于检验一次。较常用的是 10- 折交叉检验，因为其具有相对较低的偏倚和方差。

2. 混淆矩阵

二分类问题的混淆矩阵可以表示为表 3-6-1。

表 3-6-1　混淆矩阵

		预测类别	
		+	−
实际类别	+	真阳性（TP）	假阴性（FN）
	−	假阳性（FP）	真阴性（TN）

1）精度（Precision）：正确分类的正例的个数占预测分类为正例的样本个数的比例。

$$p=\frac{TP}{TP+FP}$$

2）召回率（Recall）：正确分类的正例的个数占实际正例个数的比例。

$$r=\frac{TP}{TP+FN}$$

实训步骤

一、数据观察与载入

二维码 3-6-4　数据预处理

1. 数据观察与分析

本实训有 850 条记录，每条记录表征历史客户个人信息与债务信息以及该客户的违约情况，特征的详细信息见表 3-6-2。

表 3-6-2　原始数据特征

特征	类型	示意
年龄	数值型	客户当前年龄
教育	分类型	客户受教育程度，从 1~5 教育程度逐级递增
工龄	数值型	客户当前工龄
居住时长	数值型	客户当前居住所在地年限
收入	数值型	客户当前收入
负债率	数值型	客户当前负债率
信用卡负债	数值型	客户当前信用卡负债额

（续）

特征	类型	示意
其他负债	数值型	客户其他类型的负债额
违约	分类型	客户违约情况，1表示违约，0表示没违约

2. 数据载入与观测

（1）新建一个工作流

登录PMT平台，执行"文件"→"新建"命令，在出现的"工作流信息"对话框中，新建一个工作流，并命名为"基于逻辑回归算法的信用风险预测"（见图2-6-1）。

图 3-6-1　创建一个新的工作流

（2）导入原始数据

在"Data"区域中选择"Logis 云端数据"组件，双击该组件，在新出现的对话框中，单击下拉列表按钮，选择最后一个数据表"信用卡违约"，载入本地数据，如图3-6-2所示。

（3）原始数据观测

为了观察原始数据，在"Data"区域中选择"数据表格"组件，并与"文件"组件相连，双击将其打开，如图3-6-3所示。

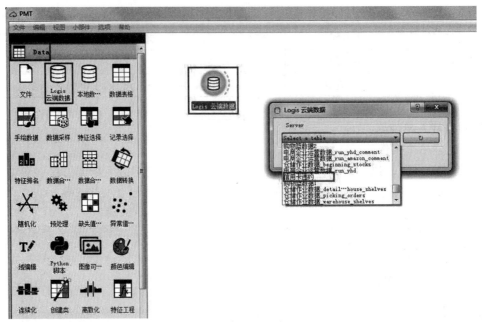

图 3-6-2　导入数据对话框

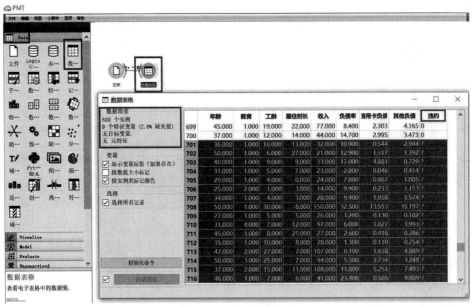

图 3-6-3　原始数据观测

　　对话框的左上角数据简要区域展现原始数据的基本信息，包括数据的体量、特征维度以及缺失值比率、有无元变量等信息，对话框的右侧区域展现原始数据的二维列表。

　　本实训中，数据体量为 850 个记录，存在 2% 的缺失值，观察对话框的右侧，可以发现缺失值主要集中在"违约"字段。因此，本实训可以考虑采用存在标签的记录作为训练数据集，构建一个精准的信用卡客户违约预测模型，再使用该模型去预测未知标签的客户，挖掘高潜违约客户。

二、数据筛选

1. 记录选择

为了抽取存在违约字段标签的信用卡客户记录，从"Data"区域中选择"记录选择"组件，并与"文件"组件相连，双击将其打开，在条件配置中，选择字段"违约"，方法选择"is one of"，选择"0 和 1"，如图 3-6-4 所示。

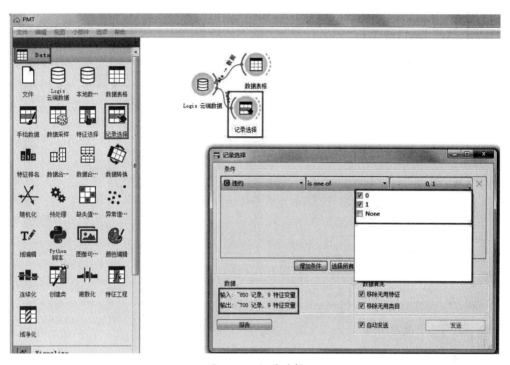

图 3-6-4　记录选择

从图 3-6-4 中对话框的"数据"区域可以观察到，抽取出来存在标签的数据记录总共有 700 条，也就意味着原始数据中，违约记录缺失的记录共有 150 条。

2. 特征选择

为了定义特征变量及目标变量，从"Data"区域中选择"特征选择"组件，并与"记录选择"组件相连，详细配置如图 3-6-5 所示（将"违约"字段设置为"目标变量"）。

3. 数据过滤

为了探索不同的特征变量对目标变量的影响程度以便过滤，同时考虑到特征变量中同时存在数值型与非数值型的字段，可采用信息增益、信息增益率、基尼系数等指标来进行探测。

具体操作：从"Data"区域中选择"特征排名"组件，并与"特征选择"组件相连，双击将其打开，选择分类评分指标中的"信息增益""增益率"和"基尼系数"（见图 3-6-6）。

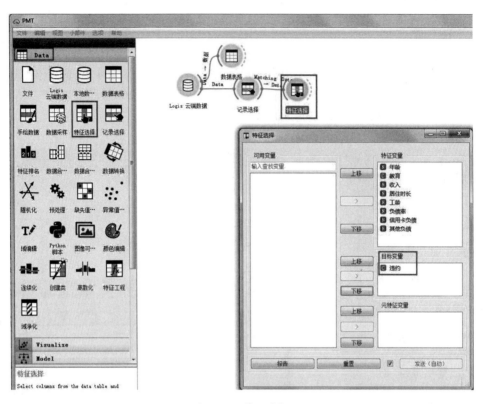

图 3-6-5　特征选择

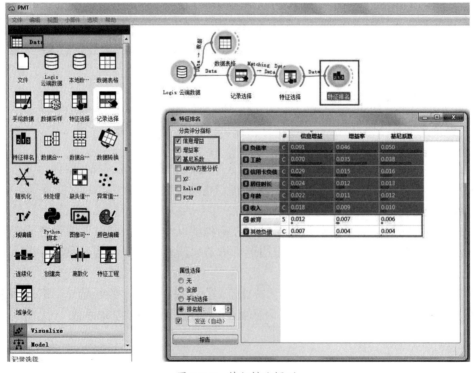

图 3-6-6　特征排名探测

图 3-6-6 中，"教育"和"其他负债"两个字段对目标变量的影响微乎其微，反而徒增了数据体量及外部噪声。为了消除一些对目标变量影响不大的特征，减少外部噪声，选择将其过滤。具体操作：在属性选择区域选择排名前 6 的属性特征即可。

三、模型构建与评估

二维码 3-6-5　模型构建与评估

本实训采用逻辑回归算法（Logistic 回归算法）构建信用卡客户违约预测模型，为了降低模型过度拟合风险，引入正则化选项，在"逻辑回归"组件中集成了套索回归（L1）和岭回归（L2）两种正则化方式；为了探测两种正则化方式对模型性能的影响，选择两个逻辑回归组件，分别基于套索回归（L1）和岭回归（L2）构建模型。

具体操作：

第一步，从"Evaluate"区域中选择"模型评估"组件，并与"特征排名"组件相连（操作实质是将数据流引过去），"模型评估"组件中的默认选项应为"10- 折交叉检验"（见图 3-6-7），其余选项默认不变。

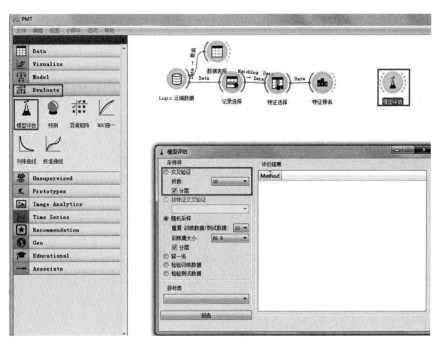

图 3-6-7　"模型评估"组件对话框

第二步，从"Model"区域中选择两次"逻辑回归"组件，在正则化选项配置中分别选择套索回归（L1）和岭回归（L2），其他配置暂且默认不变（见图 3-6-8）。

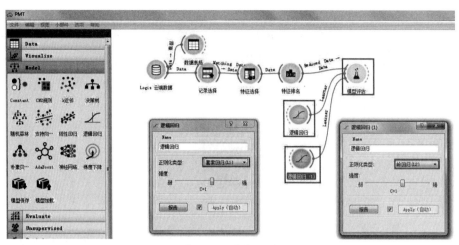

图 3-6-8　参数配置

第三步，"逻辑回归"组件配置完参数后，分别与"模型评估"组件相连（操作实质是将算法流引过去）。

第四步，双击"模型评估"组件，待模型训练完毕，双击打开模型评估组件，如图 3-6-9 所示。

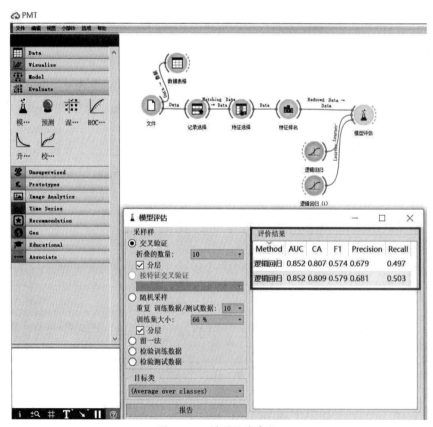

图 3-6-9　模型性能参数

从图 3-6-9 可以发现，两种正则化的方式（套索回归和岭回归）对模型性能基本没有影响。模型的 AUC 值达到了 0.852，具有较好的泛化性能。精度达到了 0.681，召回率为 0.503，具有一定的预测能力。

四、违约客户的预测与显示

二维码 3-6-6　模型部署预测及结果

在前面，本实训获得了具有较强预测性能的信用卡客户违约预测模型，接下来采用该模型预测未知违约标签的信用卡客户，来区分不同违约风险程度的客户。

1.违约客户的预测

具体操作步骤如下：

第一步，将"特征排名"组件与其中的一个"逻辑回归"组件相连。

第二步，在"Evaluate"区域中选择"预测"组件，与"记录选择"组件相连，双击修改两个组件之间的连接，将"Matching Data → Data"修改为"Unmatched Data → Data"（本操作含义是：抽取未知标签的信用卡客户记录。因为本实训中，有 150 个信用卡客户记录存在缺失值，主要是违约记录的缺失，后续操作就是预测这些客户的违约风险），如图 3-6-10 所示。

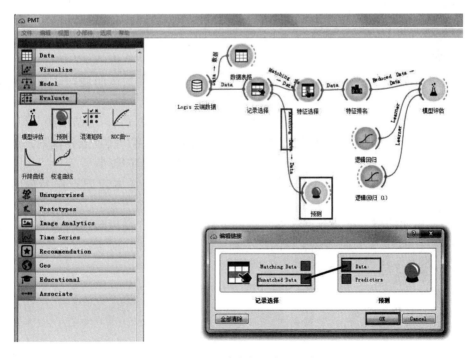

图 3-6-10　修改数据传送信号

第三步，将已经训练完毕的"逻辑回归"组件与"预测"组件相连，并双击打开，获得预测值，如图 3-6-11 所示。

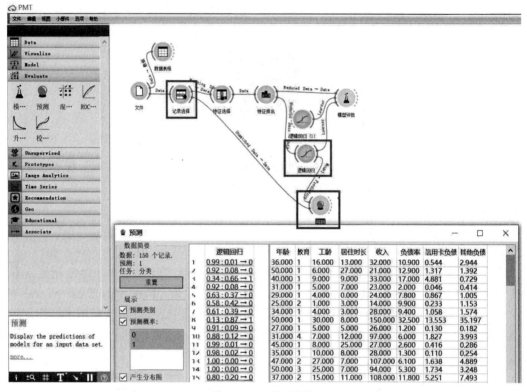

图 3-6-11　预测结果

2.违约客户的区分显示

为了将具有不同违约风险程度的信用卡客户区分开来，需要按照违约概率重新筛选显示。具体操作步骤：

第一步，选择一个"数据表格"组件（将其命名为"筛选1"），与"预测"组件相连，双击将其打开，通过单击"逻辑回归"将预测为1（违约）的客户排在表格前列，通过单击"逻辑回归（1）"将这些预测为1（违约）的客户按概率实现降序排列。

第二步，按住〈Ctrl〉键，单击选中违约概率在 0.8 以上的客户记录作为输出，如图 3-6-12 所示。

第三步，再次选择一个"数据表格"组件（将其命名为"高风险违约客户"），与"筛选1"组件相连，完成高风险违约客户的区分和展现，如图 3-6-13 所示。

筛选1

数据简要
150 个实例（无缺失值）
8 个特征变量（无 缺失值）
无目标变量
3 元特征（无 缺失值）

变量
☑ 显示变量标签（如果存在）
☐ 按数值大小标记
☐ 按实例类标记颜色

选择
☑ 选择所有记录

	逻辑回归	逻辑回归(0)	逻辑回归(1)	年龄	教育	工龄	居住时长	收入	负债率	信用卡负债	其他负债
104	1	0.003	0.997	48.000	1	10.000	1.000	70.000	28.200	10.679	9.061
141	1	0.007	0.993	35.000	2	11.000	1.000	64.000	32.400	9.703	10.385
111	1	0.008	0.992	26.000	4	1.000	6.000	64.000	23.300	7.754	7.158
17	1	0.034	0.966	26.000	4	1.000	5.000	92.000	13.000	6.506	5.454
137	1	0.052	0.948	41.000	2	13.000	1.000	93.000	14.700	9.542	4.129
108	1	0.066	0.934	31.000	1	3.000	5.000	16.000	32.300	3.065	2.103
64	1	0.111	0.889	21.000	3	1.000	1.000	41.000	19.500	2.367	5.628
8	1	0.130	0.870	50.000	1	30.000	8.000	150.000	32.500	13.553	35.197
46	1	0.138	0.862	37.000	4	2.000	1.000	29.000	15.400	2.782	1.684
85	1	0.175	0.825	38.000	4	13.000	2.000	126.000	13.700	7.613	9.649
102	1	0.211	0.789	35.000	2	0.000	6.000	35.000	12.400	2.383	1.957
123	1	0.238	0.762	45.000	3	8.000	1.000	140.000	13.900	4.184	15.276
71	1	0.274	0.726	22.000	4	0.000	1.000	25.000	12.200	1.491	1.559
90	1	0.284	0.716	25.000	2	5.000	3.000	42.000	15.500	3.366	3.144
33	1	0.311	0.689	30.000	1	1.000	1.000	27.000	12.300	1.275	2.046
127	1	0.314	0.686	22.000	2	0.000	0.000	14.000	17.100	0.242	2.152
82	1	0.319	0.681	27.000	3	0.000	4.000	50.000	14.700	1.044	6.306
3	1	0.341	0.659	40.000	1	9.000	9.000	33.000	17.000	4.881	0.729
41	1	0.398	0.602	26.000	3	3.000	1.000	40.000	10.800	1.896	2.424
100	1	0.432	0.568	47.000	1	3.000	1.000	21.000	15.400	0.068	3.166
74	1	0.451	0.549	29.000	2	9.000	8.000	30.000	21.700	3.646	2.864
84	1	0.471	0.529	30.000	1	8.000	11.000	27.000	20.300	3.744	1.737
57	1	0.472	0.528	21.000	2	1.000	0.000	17.000	10.500	0.555	1.230
126	1	0.488	0.512	29.000	2	0.000	7.000	23.000	8.000	1.242	0.598
78	1	0.496	0.504	25.000	2	5.000	5.000	35.000	16.500	1.969	3.806
58	0	0.503	0.497	30.000	1	0.000	2.000	20.000	5.400	0.622	0.458
19	0	0.507	0.493	43.000	1	8.000	0.000	32.000	19.000	1.234	4.846
60	0	0.542	0.458	27.000	1	6.000	2.000	52.000	13.800	1.902	5.274
39	0	0.545	0.455	24.000	1	4.000	0.000	19.000	11.000	1.185	0.905
119	0	0.560	0.440	26.000	1	0.000	2.000	15.000	5.400	0.386	0.424
16	0	0.571	0.429	46.000	1	7.000	6.000	41.000	23.400	0.585	9.009
103	0	0.573	0.427	38.000	1	1.000	9.000	42.000	9.100	0.891	2.931

初始化命令
☑ 自动发送

图 3-6-12　高风险违约客户的选择与输出

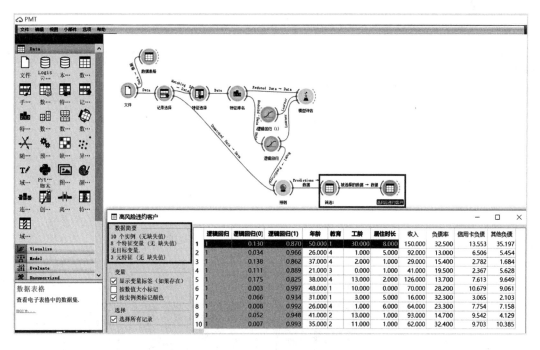

图 3-6-13　高风险违约信用卡客户记录的抽取

使用同样的操作，可以把违约概率为 0.6~0.8 的客户作为中度风险违约客户进行抽取（见图 3-6-14），把违约概率低于 0.6 的客户视为低风险违约客户进行抽取（见图 3-6-15），最终结果如图 3-6-16 所示。

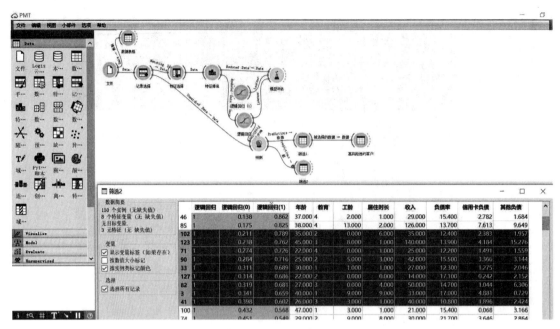

图 3-6-14　中风险违约信用卡客户记录的抽取

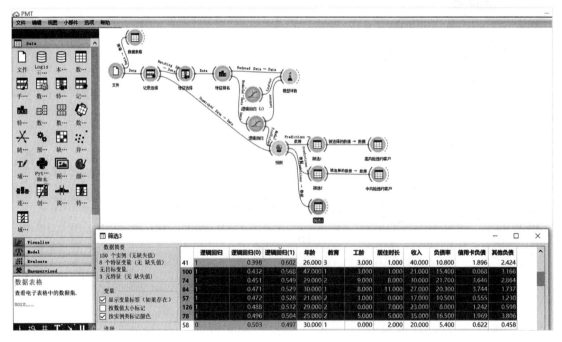

图 3-6-15　低风险违约信用卡客户记录的抽取

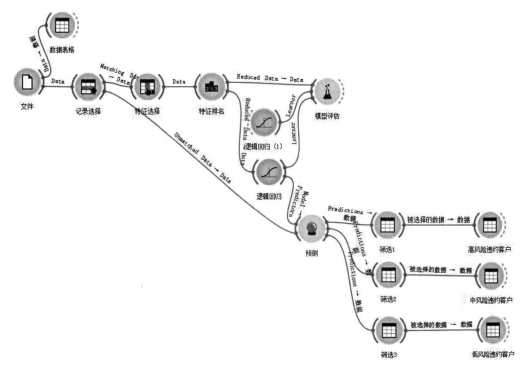

图 3-6-16　违约客户的预测与抽取

拓展与思考

回归到业务场景中，本实训的业务目标是构建一个精准的信用卡客户违约预测模型，因此模型能精准预测出高潜违约客户，故将具有重大意义。

反观原始数据，用户可以发现，大多数的客户历史上基本不存在违约记录，仅有小部分客户存在违约记录。也就是说，模型准确预测出一个违约的客户比预测出一个不会违约的客户将具有更为重大的意义。因此，在本实训中，模型的预测准确度（CA）将不具有很大的参考性，模型的精度（Precision）和召回率（Recall）将具有重大参考标准。

例如，若原始数据集中有 900 条客户没有违约的记录以及 100 条客户的违约记录，假如模型将这些客户都预测为不会违约，此时模型的预测准确度达到了 90%，但这样的模型在业务场景中是完全不具可行性的。

综上，在"Evaluate"区域中选择"混淆矩阵"组件，并与"模型评估"组件相连，如图 3-6-17 所示。

在本实训中，精度（Precision）表征为模型正确预测违约的信用卡客户数量占模型预测的违约信用卡客户数量的比例为 0.681，召回率（Recall）表征为模型正确预测违约的信用卡客户数量占实际存在的违约信用卡客户数量的比例为 0.503，预测广度达到了一半。这进一步说明，构建模型的预测能力较好地达到了预期。

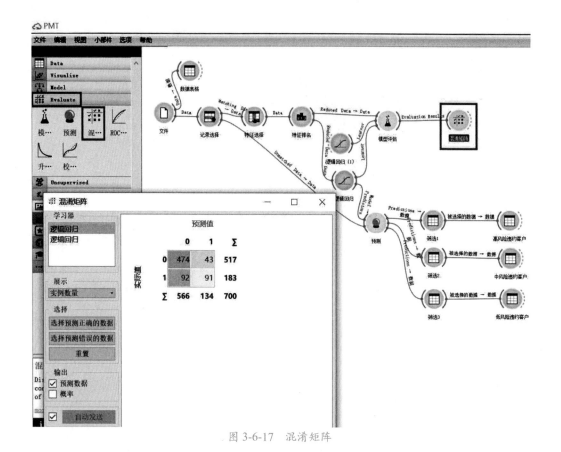

图 3-6-17　混淆矩阵

除此之外，本实训只是简单罗列了三种类型违约客户的基本信息，并没有揭示这些客户的特征和内在规律。请思考，如何通过 PMT 提供的可视化工具，对违约客户的特点进行分析与探索，挖掘不同类型违约客户的行为特征。

二维码 3-6-7　拓展与思考

深度学习在图像识别及图像分类领域中的应用

实训背景

图像识别技术是人工智能应用的一个重要领域。它是指对图像进行对象识别，以识别各种不同模式的目标和对象的技术。在人类图像识别系统中，对复杂图像的识别往往要通过不同层次的信息加工才能实现。对于熟悉的图形，由于掌握了它的主要特征，就会把它当作一个单元来识别，而不再注意它的细节了。这种由孤立的单元材料组成的整体单位叫作组块，每一个组块是同时被感知的。在文字材料的识别中，人们不仅可以把一个汉字的笔画或偏旁等单元组成一个组块，而且能把经常在一起出现的字或词组成组块单位来加以识别。

深度学习是近十年来人工智能领域取得的重要突破。它在语音识别、自然语言处理、计算机视觉、图像与视频分析、多媒体等诸多领域的应用取得了巨大成功。现有的深度学习模型属于神经网络。神经网络的起源可追溯到 20 世纪 40 年代，曾经在 20 世纪八九十年代流行。神经网络试图通过模拟大脑认知的机理解决各种机器学习问题。深度学习在图像识别领域最具影响力的突破发生在 2012 年，Hinton（加拿大多伦多大学）的研究小组采用深度学习赢得了 ImageNet 图像分类比赛的冠军，排名第 2 到第 4 位的小组采用的都是传统的图像识别方法，手工设计的特征，他们之间准确率的差别不超过 1%。Hinton 研究小组的准确率超出第二名 10% 以上，这个结果在计算机视觉领域产生了极大的震动，引发了深度学习的热潮。

深度学习与传统模式识别方法的最大不同在于它所采用的特征是从大数据中自动学习，而非采用手工设计。好的特征可以提高模式识别系统的性能。过去几十年，在模式识别的各种应用中，手工设计的特征一直处于统治地位。手工设计主要依靠设计者的先验知识，很难利用大数据的优势。由于依赖手工调参数，因此特征的设计中所允许出现的参数数量十分有限。深度学习可以从大数据中自动学习特征的表示，可以包含成千上万个参数。

一个图像识别系统包括特征提取和分类器两部分。在传统方法中，特征提取和分类器的优化是分开的。而在神经网络的框架下，特征提取和分类器是联合优化的，可以最大限度地发挥二者联合协作的性能。

二维码 3-7-1 导学

实训分析

一、目标分析

本实训将重点介绍深度学习领域中的卷积神经网络（CNN）在图像特征提取中的应用，以及 BP 神经网络在有监督场景下的分类任务。

本实训的目标是：构建一个简单的图像识别及分类模型。该模型能自动地对场景中的不同图像（图片）进行精准识别，从而实现不同物体的自动归类。

二、流程分析

根据上述目标的分析，本实训操作流程如下：

（1）数据观察与载入

观测待处理的图像集合，深入理解本实训的目的，并将原始数据载入 PMT 平台。

（2）数据预处理

首先，对同一类目下的图片设置相同的图片标签；其次，提取图像特征；第三，确定目标特征。

（3）基于神经网络的图像识别

引入 BP 神经网络算法作为图片分类预测的基础，并以逻辑回归算法训练模型作为对比。具体而言，首先，将原始图片数据集划分为 70% 的训练集和 30% 的验证集；其次，通过多个"神经网络"组件与 1 个"逻辑回归"组件构建图像分类模型；第三，通过"模型评估"组件和"混淆矩阵"组件进行模型对比评估；最后，通过"图片可视化"组件，进一步观测异常情况。

（4）基于层次聚类的图像处理

利用层次聚类方法对图像进行识别与分类。具体而言，首先，进行图片的特征选择；其次，计算层次聚类涉及的欧式距离；第三，利用"层次聚类"组件进行聚类；最后，对聚类结果进行可视化分析。

核心知识点

二维码 3-7-2　知识点串讲

1. 层次聚类的基本概念

层次聚类是一种很直观的算法。顾名思义就是要一层一层地进行聚类，可以从下而上地把小的 cluster 合并聚集，也可以从上而下地将大的 cluster 进行分割，一般用得比较多的是从下而上地聚集。

所谓从下而上地合并 cluster，具体而言，就是每次找到距离最短的两个 cluster，然后将其合并成一个大的 cluster，直到全部合并为一个 cluster。整个过程就是建立一个树结构，类似于图 2-7-1。

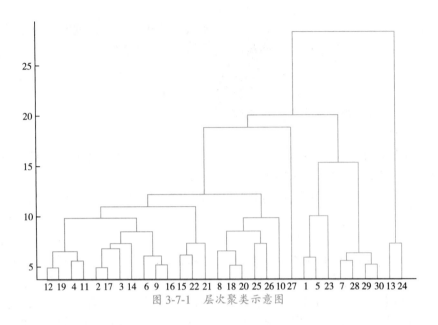

图 3-7-1　层次聚类示意图

2. 层次聚类参数设置涉及的基本概念

那么，如何判断两个 cluster 之间的距离呢？一开始每个数据点独自作为一个类，它们的距离就是这两个点之间的距离。层次聚类使用欧式距离来计算不同类别数据点间的距离（相似度），欧式距离的计算公式为：$D=\sqrt{(x_1-y_1)^2+(x_2-y_2)^2}$。

对于包含不止一个数据点的 cluster，就可以选择多种方法了，最常用的就是 average-linkage，即计算两个 cluster 各自数据点的两两距离的平均值。类似的还有 single-linkage/complete-linkage，选择两个 cluster 中距离最短 / 最长的一对数据点的距离作为类的距离。个人经验 complete-linkage 基本没用，single-linkage 通过关注局域连接，可以得到一些形状奇特的 cluster，但是因为太过极端，所以效果也不是太好。

3. 层次聚类的优缺点

层次聚类最大的优点，就是它一次性地得到了整个聚类的过程，只要得到了上面那样的聚类树，想要分多少个 cluster 都可以直接根据树结构来得到结果，改变 cluster 数目不需要再次计算数据点的归属。

层次聚类的缺点是计算量比较大，因为每次都要计算多个 cluster 内所有数据点的两两距离。另外，由于层次聚类使用的是贪心算法，得到的显然只是局域最优，不一定就是全局最优，这可以通过加入随机效应解决，那就是另外的问题了。

实训步骤

一、数据观察与载入

1. 数据观察与分析

本实训的数据就是不同物体的图像。数据体量为 63 张图片（格式为 jpg），图片类目数量为 9。本实训中数据为本地数据，为了克服保存在同一文件下图片名称不能相同的问题，同一类目下的图片采用名称 + 编号的形式展现，如，汽车 1、汽车 2 等。

2. 数据载入与观测

（1）新建一个工作流

登录 PMT 平台，执行"文件"→"新建"命令，在出现的"工作信息流"对话框中新建一个工作流，并命名为"神经网络在图像识别及图像分类领域中的应用"，如图 3-7-2 所示。

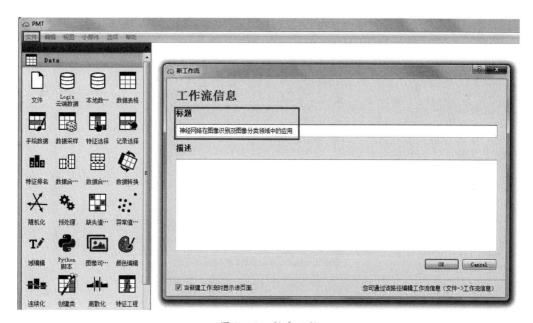

图 3-7-2　新建工程

（2）导入原始数据

通过"Image Analytics"区域中的"图片加载"组件载入本地图片数据（注：该组件加载图片数据的基本单元是文件夹）。具体操作：双击"图片加载"组件，在出现的对话框中找到本地图片所在的文件夹（本实训文件夹为"train"），如图 3-7-3 所示。

（3）原始数据观测与编辑

在弹出的对话框数据简要区域，用户可以简单观测到载入的图片数量。为了进一步观测原始图片数据，引入"Image Analytics"区域中的"图片可视化"组件，并与"图片加载"组件相连，双击将其打开，如图 3-7-4 所示。

在弹出的对话框的"图片文件名属性"设置框中选择本地图片地址字段（本实训为"image"），用户可以自由切换"标题属性"设置框中的选项，以便实现不同的观测目标，如每一种图片的名称、种类、原始尺寸等信息。在"图片尺寸"设置栏中，用户可以滑动进度条以调节展示图片的尺寸大小。最下方的"保存图片"按钮可实现将当前的图片展现方式保存至本地，保存的格式为 png、svg、pdf 等。

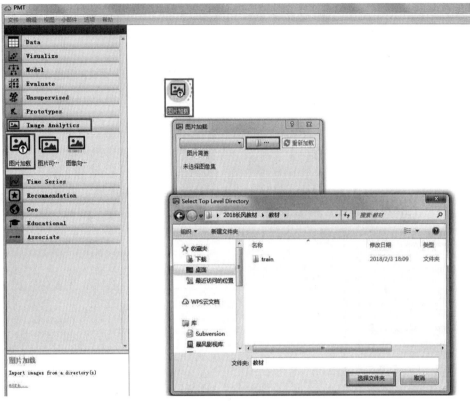

图 3-7-3　载入本地数据

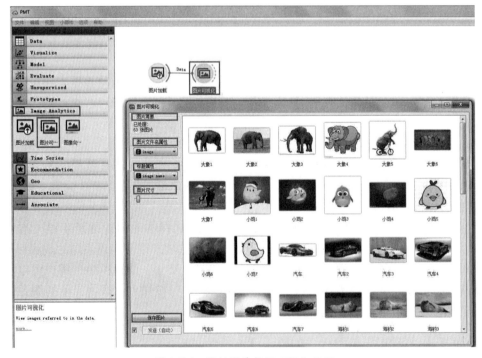

图 3-7-4　原始图片数据可视化观测

二、数据预处理

二维码 3-7-3 数据载入和预处理

1. 图片标签设定

为了给同一类目下的图片设定相同的标签，如汽车 1、汽车 2 统一标签为汽车，引入
"创建类"组件。该组件位于"Data"区域，并与"图片加载"组件相连，双击将其打开，
具体配置情况如图 3-7-5 所示。

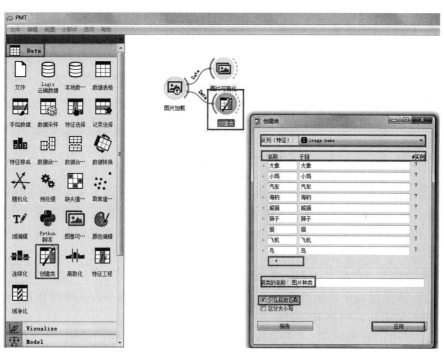

图 3-7-5 为不同种类的图片创建类

首先，在"从列（特征）"设置栏中选择"image name"；其次，在"名称"栏中输入创
建新子类的名称（分别是"大象""小鸡""汽车""海豹""熊猫""狮子""猫""飞机"和
"鸟"），在子链中输入相应的子链名称，算法根据该子链关键词来自动匹配对应的图片；如
果"名称"栏数量不够，则可以通过单击对话框中的"+"予以增加；第三，在"新类的名
称"中输入"图片种类"，并选中"仅在起始匹配"；最后，单击"应用"按钮。

2. 图像特征提取

为了将非结构化的图片数据转换为计算机能够处理的结构化二维列表数据，需要引入
"Image Analytics"区域中的"图像向量化"组件，并与"创建类"组件相连，双击将其打
开，如图 3-7-6 所示。

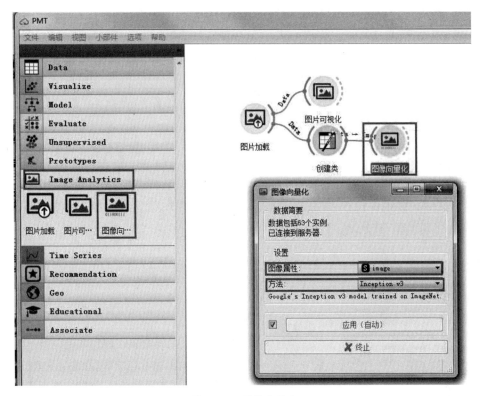

图 3-7-6　图像向量化

　　"图像向量化"组件会读取图片数据并将其上传到远程服务器（考虑到不同用户计算机性能的差异，所以将相关算法置于远程服务器中统一管理），远程服务器使用深度学习模型（卷积神经网络 CNN）提取每个图片的特征向量，并返回一个带有其他列（图片描述符）的增强数据表。

　　"图像向量化"组件提供了多个方法，每个方法针对特定的任务进行了训练。图片数据被发送到远程服务器，在那里进行特征提取。发送的图片数据不会存储在任何位置，用户需要在网络畅通的环境下使用该组件。

　　在图 3-7-6 中的设置框中，"图像属性"中包含要向量化的图像属性。在"方法"设置栏中，"Inception v3"是指基于 ImageNet 训练的谷歌初始化 v3 模型；"VGG–16"是指基于 ImageNet 的 16 层图像识别模型；"VGG–19"是指基于 ImageNet 的 19 层图像识别模型；"Painters"是指一种训练好的模型，用于从艺术品图像中预测画家；"DeepLoc"是指一种训练用于分析酵母细胞图像的模型。本实训中暂且选择第一种方法：Inception v3。

3. 特征选择

　　本实训的图像分类实验是有监督下的学习模型，因此需要在图片特征提取完毕之后进一步定义好目标特征。具体操作：第一步，在"Data"区域中引入"特征选择"组件，并与"图像向量化"组件相连；第二步，双击打开"特征选择"组件，以"图片种类"作为目标特征，将其放入"目标变量"区域；而图片名称及其尺寸等信息在建模中无含义，因此将其置于"元特征变量"区域，如图 3-7-7 所示。

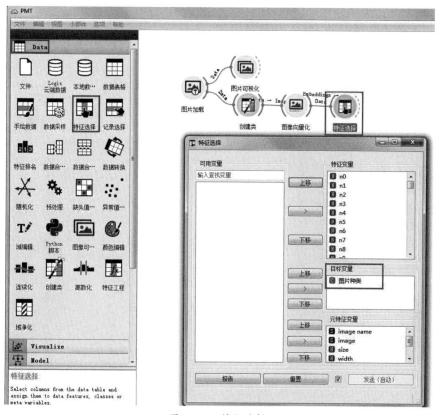

图 3-7-7　特征选择

三、基于神经网络的图像识别

二维码 3-7-4　模型建立和结果解读

本实训中将引入 BP 神经网络算法作为图片分类预测的基础，并以逻辑回归算法训练模型作为对比。

1. 训练集和验证集的划分

本实训需要将原始图片数据集划分为训练集和验证集。

具体操作：

第一步，引入"Data"区域中的"数据采样"组件。

第二步，双击该组件，配置参数。首先，采用"固定采样比例"的 70%，将原始图片数据集划分为 70% 的训练集和 30% 的验证集；其次，为了克服由于随机采样造成的训练集和测试集在图片数量上的较大差异，选择"分层采样（若可行）"。

第三步，与"特征选择"组件相连，如图 3-7-8 所示。

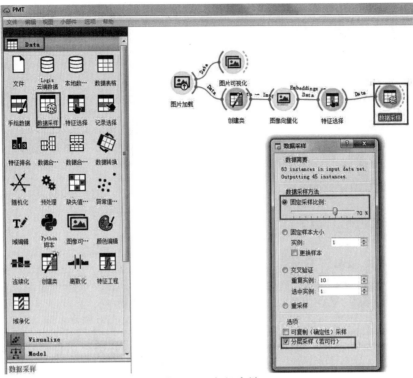

图 3-7-8　数据采样

2. 模型评估组件的设置

在"Evaluate"区域中选择"模型评估"组件，与"数据采样"组件相连，并修改数据传输信号。具体操作：单击两个组件之间的连线，在出现的对话框中，保留"Data Sample"和"Data"之间的连接，增加"Remaining Data"和"Test Data"之间的连接，如图 3-7-9 所示。

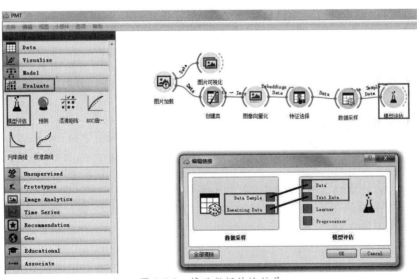

图 3-7-9　修改数据传输信号

3. 图像分类模型的设置

在"Model"区域中选择"神经网络"组件与"逻辑回归"组件，并与"模型评估"组件相连。为了对比神经网络算法在不同激活函数下模型性能的差异，采用多组件下并行训练模型，如图 3-7-10 所示。本实训使用了 4 个"神经网络"组件和 1 个"逻辑回归"组件。4 个"神经网络"组件的"Name"分别重命名为"神经网络（Relu）""神经网络（Tanh）""神经网络（Logistic）"和"神经网络（Identity）"，"激活函数"对应选择 Relu、tanh、Logistic 和 Identity。

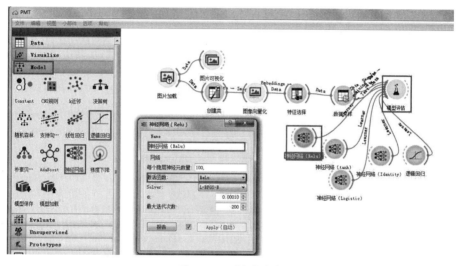

图 3-7-10　模型训练

4. 模型的评估

双击打开"模型评估"组件，分别选择"检验训练数据"和"训练测试数据"，获取各训练模型的验证集性能，如图 3-7-11 所示。

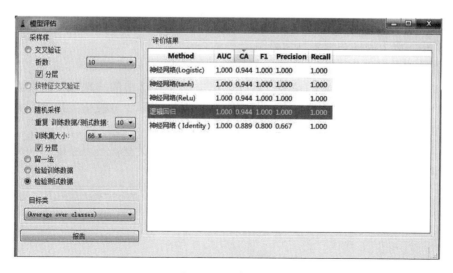

图 3-7-11　模型评估

从图 3-7-11 可以清晰地观测，在验证集下，各模型的 AUC 值皆达到最高值 1，具有很强的泛化性能，除了激活函数为 "Identity" 的其他模型在验证集上都展现出很高的预测准确性，其中准确率（CA）达到了 0.944。

为了进一步观测模型预测错误的图片数据，从 "Evaluate" 区域中引入 "混淆矩阵" 组件，并与 "模型评估" 组件相连，双击将其打开，如图 3-7-12 所示。

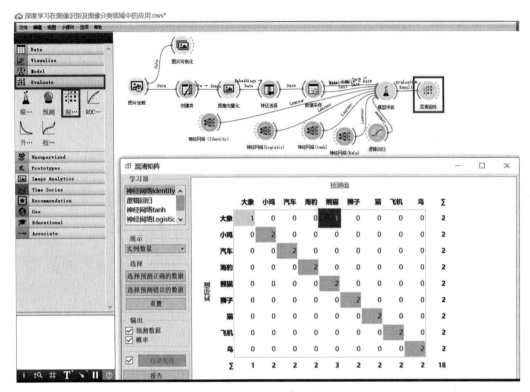

图 3-7-12　混淆矩阵

从图 3-7-12 的混淆矩阵中可以发现，各训练模型在预测错误的图片数据上都有一个共同点：将其中 1 张大象的图片误判为熊猫。

5. 异常情况的可视化

为了进一步观测出现异常的情况，首先，单击图 3-7-12 中的 "选择预测错误的数据"，并且单击将大象错误预测为熊猫的单元格；其次，引入 "图片可视化" 组件，并与 "混淆矩阵" 组件相连，双击将其打开，如图 3-7-13 所示。

由于训练集过少造成的少量误差实属正常。为了降低误差，用户可以增加训练图片的数量与种类。

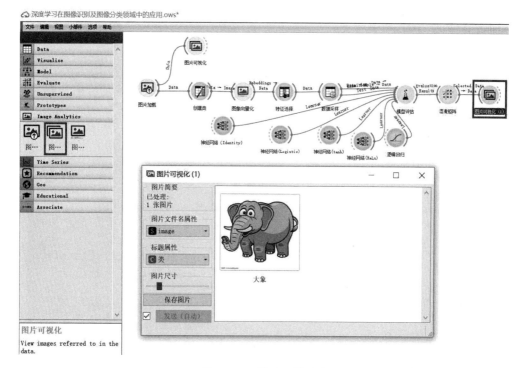

图 3-7-13　模型误判图片

四、基于层次聚类的图像处理

二维码 3-7-5　层次聚类在图像分析中的应用

为了从另外一个角度来观察经过特征提取以后的图像数据在无监督场景下的聚类效果，这里重点介绍层次聚类在图像处理中的应用。

1. 特征选择

在"Data"区域中引入"特征选择"组件，并与"图像向量化"组件相连，将"图片种类"字段置于元特征变量区域，如图 3-7-14 所示。

2. 欧式距离的计算

为了计算各记录之间的欧式距离，在"Unsupervised"区域中引入"距离方程"组件，并与"特征选择"组件相连，具体配置如图 3-7-15 所示。

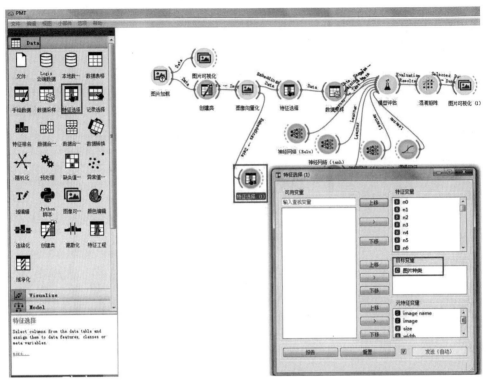

图 3-7-14 特征选择

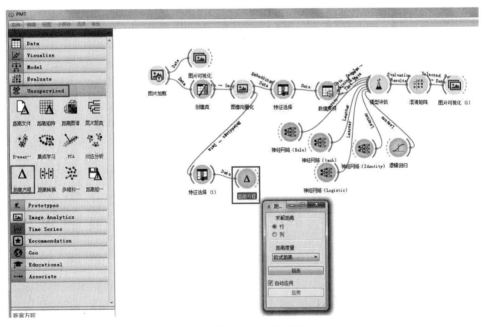

图 3-7-15 计算各记录之间的欧式距离

3. 层次聚类

为了观测层次聚类效果，在"Unsupervised"区域中引入"层次聚类"组件，并与"距离方程"组件相连，双击将其打开，其中"联动方式"配置为"Average"，"注释方式"选择"图片种类"，"修建编辑"选择"无"，"选项"区域的"高度比率"设置为71.5%。用户也可以自定义调节层次聚类图的"大小"，如图3-7-16所示。

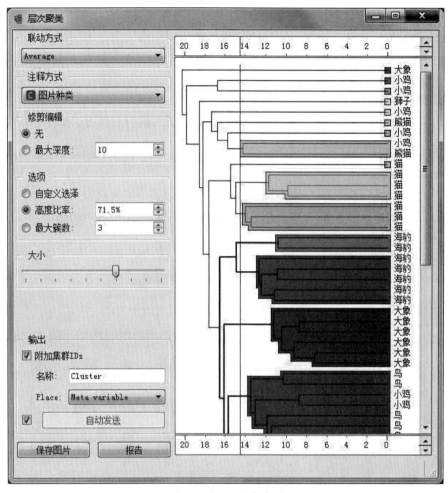

图3-7-16　层次聚类图

"层次聚类"组件根据距离矩阵计算任意类型对象的分层聚类，显示相应的树图，并支持4种测量群集之间距离的联动方式：

1）Single：计算两个集群中最近元素之间的距离。

2）Average：计算两个集群元素之间的平均距离。

3）Weighted：使用加权配对算术平均法（WPGMA）。

4）Complete：计算丛集最远端元素之间的距离。

通过选择树图的最大深度，可以在修剪箱中修剪大树图。这只会影响显示，而不会影响实际群集。

"层次聚类"组件提供3种不同的选择展示方法：

1）自定义选择：单击树图内部将选择一个群集，按住〈Ctrl〉键或〈Cmd〉键可选择多个群集。每个选定的群集以不同的颜色显示，并在输出中作为单独的群集处理。

2）高度比率：单击树状图的底部或顶部标尺可在图形中放置截断线，选择行右侧的项目。

3）最大簇数：选择顶部节点的数量。

从图 3-7-16 中可以发现，该聚类模型对飞机、汽车、猫、海豹、大象、狮子、熊猫、鸟等图片都有非常不错的区分度，区分比率基本能达到 90% 以上，但小鸡种类的图片两次被误判为鸟类，两类图片在很多形状上都有很大的相似度，为了降低误判预测率，用户可以进一步增加训练集的数量。

4. 层次聚类结果的可视化

用户可以进一步通过"图片可视化"组件观察聚类图片的分布情况，如图 3-7-17 所示。

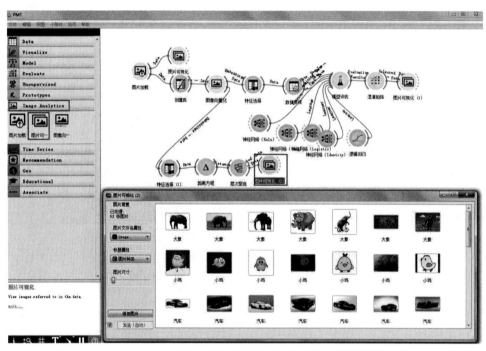

图 3-7-17 聚类图片可视化

拓展与思考

本实训仅提供了 63 张图片，样本量较少。请自行进行网络搜索，增加图片数量（注意图片的大小与格式），然后按照本实训的实施流程重新进行图片的识别。

请思考和判断：图片本身的清晰度、图片数量以及图片背景的洁净程度等对图片识别效果的影响程度。

参 考 文 献

［1］周英，卓金武，卞月青.大数据挖掘：系统方法与实例分析［M］.北京：机械工业出版社，2016.

［2］Daniel T. Larose, Chantal D. Larose. 数据挖掘与预测分析［M］.2版.王念滨，宋敏，裴大茗，译.北京：清华大学出版社，2017.

［3］Jiawei Han, Micheline Kamber, Jian Pei. 数据挖掘：概念与技术（原书第3版）［M］.北京：机械工业出版社，2012.

［4］梁栋，张兆静，彭木根.大数据、数据挖掘与智慧运营［M］.北京：清华大学出版社，2017.

［5］卓金武，周英.量化投资数据挖掘技术与实践［M］.北京：电子工业出版社，2015.

［6］Wrox 国际IT认证项目组.大数据分析与预测建模［M］.北京：人民邮电出版社,2017.

［7］王宏志.大数据分析原理与实践［M］.北京：机械工业出版社，2017.

［8］EMC 教育服务团队.数据科学与大数据分析［M］.北京：人民邮电出版社，2016.

［9］毕然.大数据分析的道与术［M］.北京：电子工业出版社,2016.

［10］屈泽中.大数据时代小数据分析［M］.北京：电子工业出版社，2015.

［11］汤羽.大数据分析与计算［M］.北京：清华大学出版社，2018.

［12］刘汝焯.大数据应用分析技术与方法［M］.北京：清华大学出版社，2018.